2015年新闻出版改革发展项目库项目

家园的治理

戴星翼 著

Governess

for Our Green Home Counties

复旦大学出版社

丛书序

赵昌平

从动议策划，到第一辑八种即将出版，这套丛书的“孕育期”，算来已三年有余。每种六万字左右，首辑也就五十来万字吧，却用了约四个“十月怀胎”期，这在时下快约、快编、快发的“三快”出版“新模式”中，算得上是个“因循守旧”的特例了。然而这不正说明复旦大学出版社对于这套以青少年学生为主要对象的大众读物用心用力之深吗？

长达三四万字的策划书、拟目及纲要，多达六七个轮次的专家与师生的论证，反反复复的大纲修订与初目确定，直到关键的、以“专家写小书”为标准的著作者选定，大约用了两年时间；这样算来，各位专家为一种小书的撰写，都用了一年有余，应相当于他们当初撰写攸关个人前程的博士论文所花费的时间了。作为丛书的提议者，我不能不对他们放下手边的科研项目，以如此认真的态度来从事这样一项算不上“学术成果”的工作，肃然起敬。为什么这样一个看来有点“老土”的选题，能被一家以“学术出版”为首务，蜚声海内外的大学社一眼相中，并集聚起众多的知名学者与出版人合作共襄？这就不能不回顾一下有关的策划初衷；虽然近四十个月过去了，目前的情况与当初相比，已经有所变化，但是基本面还是相同的。

当时的动因是报端与网上的两类有点极端的“热点”问题。

一是屡见不鲜的青少年学生因升学考试失利而轻生的报道与讨论；今年高考放榜后，网上又盛传一段视频：两位学子又因此而坠楼。为什么我们的孩子们会如此地脆弱？

二是日本强行进行所谓的钓鱼岛“国有化”后国内“愤青”的行动，网上对此议论纷纷，而偏偏当时尚无一种深入阐析事件、给青年们爱国热情以正确引导的出版物；反观日本，却将所谓“尖阁诸岛”（即钓鱼岛）问题列入中学教育有关课程。现在不仅“东海”、“南海”问题继续发酵，而且周边事态愈加复杂，“朝核”问题、“萨德”问题、“南海仲裁案”问题等等，层出不穷，甚至由外而内，“台独”正变本加厉，“港独”又粉墨登场，而“愤青”行动也随之高涨。可叹的是有关的图书虽已有了数种，但还远远谈不上系统化与规模化。

诚然，青年人中上述两种动向不可相提并论。“愤青”行动固然有待于理性化，但这是“五四”以来，不，应当说是从汉末“清议”以来，中国青年学子以参与“国是”为己任的传统之继续，是当今越来越多的青年人强烈关注“中国崛起”的群体意识之表现；而文战不利即轻生，也是一种极端表现，是伴随数十年以来的“小皇帝”一代而引发的当代中国最可忧的社会现象。然而“小皇帝”的过于脆弱，与“愤青”时不时因过于激愤而不免“出格”，这过“阴”过“阳”之间，却有着某种认识论上的同一性。当代认识论揭示：人约在七八岁时，由孩提时期所累积的片断印象，会形成观察外部世界的最初的“认识图式”，在以后的“活动”中，又不断地接受外部的交互影响着的新信息，而使认识图式处于不间断的活动建构之中。人的行为方式，就取决于这种认识图式。因此知见的深浅，也就是视域的大小与对视域中各种事物相互关系的理解，对个人的行为方式是有决定性意义的；所以超越一己一事所限而关注大事，超越一时一事所限而洞悉事件的来龙去脉、此事件与彼事件的相互关系，便成为个人行为是否恰当的前提，也应当是现在所热议的素质教育的首务。

“小皇帝”们的脆弱，根源就在于视域为一己一时所限。今天的青少年们，在知识结构、个性意识乃至由此而来的创造活力上都使我们这一辈人惊羡而自叹勿如，然而如就“抗打击力”，亦即“韧性”而言，“小皇帝”们却差了许多。就拿高考来说吧，且不论群体性地被剥夺了进入高校权利的“史无前例”时期，20 世纪 60 至 80 年代有高考的年份，录取率也仅仅百分之三十左右，但那时几乎未闻有落榜而轻生者。尤其是六七十年代之交，当初幸而登龙门者，至那时毕业，90% 以上又都上了山、下了乡，那种由极度的希望跌入极度的失望之痛苦，甚至比不曾希望过者更惨烈十倍。然而当时，连同中学生在内的上山下乡的这一群却“熬”了十年，“挺”了过来，并从中产生了担当起“改革开放”重任的第一批青年生力军。回想这种“韧性”的由来，我们不能不感谢两类前辈：一是我们的父母，他们的“不管不问”，使子女的天性有了较自由的发展空间；二是当时的作家、翻译家、出版家们，他们为青年人提供了各种中外名著与各类知识读物。各种有关“上山下乡”的影视剧，有一个共同的情节，令我们这些过来人倍感亲切，这就是各知青点的 “头儿”、“大哥”，都有一箱子不离不弃的书，而为知青们抢着阅读。逆境，使阅读与社会观察、思考融合互动，于是“上山下乡”的这一群，说得最多的一句格言便是“严冬即将过去，春天必将到来”。这种信念不仅是个人的，更是由深入社会的阅读中产生的对国家命运乃至人类历史的感悟。

孔夫子说“士不可以不弘毅”，毅即毅力、韧性；弘则指由开远的见识而来的志向，也是“毅”力的前提。引证这句格言，并不是说“上山下乡”的这一群人都达到了这种境界，毋庸讳言，曾经在改革开放伊始作出贡献的青年人中后来也不乏在“大浪淘沙”中沉沦为沙粒者。引证这句格言的用意只是想说明，超越一己目见身遇的更宽广的视域，在每一个人的人生历程中的重要性。奋起而终于沉沦者虽只是一小部分，但也反映了这一代人也有其时代性的弱点，如长期的物质生活的贫乏、传统教育或“左”或“右”的影响、传统价值观念在“个性”与“家国”关系观念上的偏差等等。这些使这一群中不少人迈过了“一时”之“己”这道坎，却过不了之后的一道又一道坎。今天的青年人有着远较过去优越的个性意识、知识结构与外部环境，因此有可能在更广更高的层次上，去完成“弘毅”品格的自我塑造。这就又要回过头来说说所谓“愤青”现象了。

对于“愤青”，不必过多地求全责备。“愤”是血性的表现，几十年来，中国人的血性不是多了，而是少了。“愤青”现象在目前已超越“小皇帝”现象而成为社会的热点话题，说明超越一己得失而关注重大事件的青年人越来越多，这毋宁说是我们这个古老民族的一种

希望。“愤青”之所以被有的长者视为“问题”，只是由于“愤青”们往往为一时一事所限，而尚欠缺对于事件的多维度的综合观察与思考；因此，进一步开拓视域以增强观察思考能力，从而将一时的“义愤”提升至“弘毅”的精神境界，也是“愤青”乃至所有青少年之必需。

以上就是这套丛书策划的动因。

“大事”有种种，为什么丛书非要取名为“国家大事”呢？在放论“全球化”，又崇尚个性的今天，这名目是否又有了些“老生常谈”的意味呢？这也是需要探讨的问题。

国家意识真的与全球意识格格不入吗？只要看看鼓吹世界主义最力的美国就不难明白。美国所称的“全球战略”，其核心就是维护其国家的核心利益与全球霸主的地位，这一点连他们的政客也直言不讳。离开国家意识的“全球意识”，在我看来只是个“伪命题”。抛开“闭关自锁”的落后观念，从周边看中国，从世界看中国，养成新的“国家大事”观，是这套丛书的主旨之一。

国家意识与个性意识真的水火不容吗?“马云”现象很能说明问题。创业时的马云无疑是位最有个性，最富于创造力的“天才”青年，然而马云及其阿里巴巴的成功首先是因为在自己的祖国。在国内互联网刚刚起步的时候，马云就慧眼独具地看出，在这片被认为是贫困落后的土地上，却蕴藏着发展互联网商务的最深厚的“洪荒之力”。阿里巴巴现在走向世界了，然而“马云”现象最使我感动的还不是这一点，而是他们激活了全国穷乡僻壤成千上万的家庭或个人加入了他的网络。自 1968 年起，我有十多年时间生活工作于多个这类贫困地区，深知当地人贫困却又淳朴到何等地步，也因此，现在网上购物时，我点击的手指就经常会不由自主地滑向这类电子商户，而同时总会掠过一个念头：马云们真的开创了远较政府资助有效十倍的不世功绩。马云的故事与众所周知、日益庞大的“海归”现象，启发了我们这套丛书的又一宗旨：如何从国家的发展态势与战略目标中，寻找到个性发展的确切定位。

由上述的出发点与宗旨，丛书采取了一种新的表述形式，它是时政性的，又是历史文化性的。它由一个个

当代青年应当关注的热点时政话题契入，并扩展开来，追溯其历史文化渊源以及这种渊源在当今世界格局中的嬗变，从而使时政话题变得更丰厚，使历史文化变得更生动。希望以上设计，能成为当代中国青少年“弘毅”品格培育的一点助力。

前　言

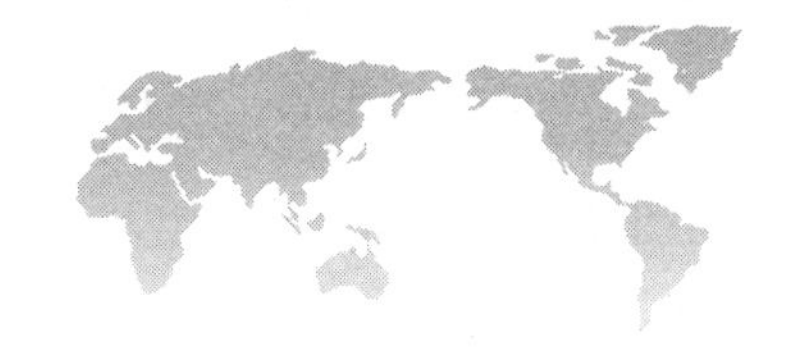

这本小册子是关于生态保护的。笔者的想法是尽可能从理性的立场出发，讨论一些生态或环境保护中的关键节点，大约二三十个。目的并非介绍环境知识或解决种种环境问题的方法，而是如何观察和思考我们看到的并担忧的问题。

通俗地讲，生态保护就是一门如何处理人类与其家园关系的学问。当我们遇到形形色色的环境挑战时，本质是我们自己没有处理好这种关系，责任不在家园，而在于我们自身。家园是客观存在的。雪山大漠风光壮丽，但其承载力极低且生态脆弱；喀斯特和丹霞地貌雄奇壮观，对农业却很不利；江南水网温柔秀丽，但环境自净能力却因此不足。但无论如何，这是我们的家园，值得我们全身心的爱护。

之所以强调理性，自然是因为环境保护领域存在着不理性。例如，环境保护需要奉献精神，但不能强调过度，否则就成了宗教。绝对化未必对环境保护有利。最典型的是“垃圾是放错地方的资源”。这句话有道理，但不能绝对化，否则，如果我们将混在垃圾中的废纸收集起来，清洗，脱油墨，再重新制成纸浆，这一过程造成的污染和资源消耗要远超过所得。又如，开发商一方面鼓吹自己的产品如何绿色节能，另一方面又吹嘘自己开发的住宅如何豪华奢侈，甚至能提供“帝王式的生活”。试想，这两者能兼容吗?

总之，在环境生态领域有着太多的现象值得我们去观察思考。发现问题是为了解决问题，为了我们的家园更为美好。需要指出，讨论生态退化和环境污染的场合多了，也许会使人眼前产生灰蒙蒙的感觉，但这只是一种错觉。我们更多地谈论环境，很大程度上只是因为大家对此有了更高的要求。经过了改革开放以来三十几年的发展，我们固然积累了很多问题，但社会也积累起来了解决问题的前所未有的强大能力。我国成功地使六亿多人民摆脱了贫困，这是任何社会都未曾做到的。上海人的平均预期寿命靠近了 84 岁，这已经是世界的顶尖水平。所有这一切使我们自豪，也让我们拥有足够的信心，去建设更为富饶美好的家园。

目　录

1. 盘点家国生态

家园，是人与自然互动的产物，既是各种自然要素的集合，又是文化传承的结果。家园是人与自然关系的集中体现。

“生态（ecology）”一词，最早的含义是“关于家园的学问”。也可以说，生态学是一门“关系学”，研究人类或其他物种与其家园或周边环境的关系。例如，“稻花香里说丰年，听取蛙声一片”的盛景如今不再，青蛙们都到哪儿去了？城市里猫与鼠的关系与乡野有何不同？由于人有能力改造自然，而不似其他动物只能被动地适应自然，因而与自然环境的关系更为复杂。

同样，人类的居所，如西南山区的吊脚楼、烟雨江南的粉墙黛瓦、黄土高原的窑洞、福建南部的土楼等，都那么特点鲜明。但如果我们梳理当地人与自然的关系史，不难发现这些特点背后的生活和生产方式，与当地气候地理之间是如此的和谐，委实是千万年间自然与人类互动的结晶。在更广义的范畴，我们也可以注意到这种互动。如锦绣江南，其前身乃是一片沼泽。人类祖祖辈辈在这片土地上围圩开河，年复一年地将水体中的淤泥用作基肥，终于造就了举世无双的稠密水网，鱼米之乡。

由此可以理解，家园，是人与自然互动的产物，既是各种自然要素的集合，又是文化传承的结果。家园是人与自然关系的集中体现。当然，家园这个概念又是相对的。农宅加上庭院，是一家农户的家园。村落与周围的田园，是这个村落所有农户的家园。城市与其周围的乡野，是城乡居民的家园。神州大地，则是中国人民的家园。

人类与家园的关系并非总是田园诗般的美丽。自然抚育着人类，但也束缚着人类。人与自然之间充斥着矛盾。最为典型的是人类逐水而居。河流两岸的平原是城市和村落最为密集的地带，因为其土地是最肥沃的，又有着可靠的水源和水运之利，可以支持繁荣的人类文明。但这些地带又有着另一个特点：它们其实都是洪水走廊。所以在享受大自然恩惠的同时，人们也必然要承受洪水的暴怒。如果我们成功地抵御了洪水，又必然要失去洪水泛滥带来的肥沃的表土沉积。这种复杂的关系，渗透于人与自然关系的每个细节。

家园是自然与文明的融合。既然如此，两者的关系可能是和谐的，也可能存在种种冲突。由于自然和文明的种种因素的结合，家园会发生有利的或不利的变化，对人类的支撑能力会提升或下降，我们可以称之为生态的改善或退化。纵观人类历史，可以观察到很多生态退化的景象，而改善的案例相对较少。但川西平原因为都江堰而发生的变化可谓经典。千里岷江自雪山深峡奔腾而下，进入四川盆地后如同脱缰之马，年复一年地制造灾难性的洪水。而在都江堰建成之后，咆哮的江水化为涓涓溪流，川西平原也因此成为天府之国。

探讨环境治理和生态保护，首要的就是要正视和理解我们的家底，也就是国情：中国的国土资源诸多要素中，哪些对我国的社会经济发展形成了强烈的制约？

哪些因素会导致人与自然关系的恶化？当谈及“中国国情”的时候，我国的国土、资源和生态的哪些方面是必须予以考虑的？极度简化这些问题，也许以下两个问题是最为值得注意的。

其一，我国陆地面积 960 万平方公里。这片辽阔的土地，南北约跨 50 个纬度，由寒温带至赤道带，东西横跨将近 62 个经度，包括湿润、半湿润与半干旱、干旱地带，两者大致各占半壁江山。与其他国土广大的国家相比，我国最大的特点是山地比重大，占据了全部国土的三分之二。许多省份如山西、陕西、湖北、四川、湖南、江西，基本上都呈中央的平原低丘被三面或四面山岳环绕之势。而浙、闽、粤、桂诸省则是沿海的小块平原被广大山区包围的态势。同时，我国西部地区多有沙漠、戈壁、高寒荒漠、石山、冰川和永久积雪，这些难以利用的土地合计约占国土的 20.5%。

归结起来，我国国土最令人印象深刻的一个特点就是内部差距巨大。虽然俄罗斯、加拿大、澳大利亚、美国和巴西也都是地域大国，但论内部地理气候的差别，没有超越我国的。况且我国山地纵横阻隔，导致各省乃至诸多县市也都形成了自己的自然文化特点。所谓“十里不同音”，“隔山看得见，相逢要半年”。于是，人类如何调整自己与自然的关系，在中国因地制宜就特别重要。

二是我国的能源矿产特色。能源概括起来，就是“缺油少气，以煤为主”。石油和天然气资源相对短缺，人均资源量仅为世界平均水平的 1/15，但煤炭的保有资源量超过 1 万亿吨。水力资源经济可开发年发电量约 1.76 万亿千瓦时，列世界首位。另一方面，中国的矿产种类齐全，许多重要矿产资源储量也较为丰富。但缺陷在于低品位矿较多。

能源和矿产两方面的缺陷结合起来，对我国环境会产生重大影响。当前举国上下关注的大气污染，很大程度上就是这两大缺陷结合的产物。煤炭是各类能源中污染最严重的。而矿产品位较低，无非意味着需要更多的能源，以更多的污染物排放，才能获得等量的冶炼产品。原理上，非但大气污染受此影响，水污染和土壤污染也同样如此。

总的来说，中国国情的许多要素特点会触发或加重环境问题。一是自然禀赋存在缺陷；二是人口规模庞大；三是存在生态退化的历史包袱。应该说这些不利因素是客观存在的，但是不宜过分强调。当代人应该承担自己该承担的责任。

2. 黑河–腾冲线的含义

黑河–腾冲线指出了我国地倾东南的特点。需要说明的是，这种不平衡有其积极意义和消极影响。而我们要做的，就是要充分利用其中的积极因素，规避可能的不利影响。

黑河–腾冲线直白地表述，就是在我国的地图上连接这两座城市的一条直线。其提出者是华东师范大学的胡焕庸先生，所以又称之为胡焕庸线。这条线的重要性在于能够帮助我们深刻理解中国的国情。

这条线将中国划分为西北与东南半壁，更是适宜人类生存地区的界线，与 400 毫米等降水量线基本重合。线的东南方大部分是低山丘陵，包括了我国几乎所有的平原，自古以农耕为经济基础。线西北方人口密度极低，是草原、沙漠和雪域高原的世界，自古是游牧民族的天下。

胡焕庸线最重大的价值，在于揭示了我国国土东西部极为悬殊的差别。其东南侧以占全国 43.18%的国土面积，集聚了全国 93.77%的人口和 95.70%的 GDP，压倒性地显示出高密度的经济、社会功能。而西北半壁则地广人稀，生态系统对人口经济的承载能力很弱。这就意味着，人口密度的平均数对于我国而言意义不大。庞大的人口规模及其经济活动产生的压力主要落在东南半壁。

即便是东南半壁，还有一个平原面积较小的问题。我国的东北、华北和长江中下游三大平原共计约 85 万平方公里，加上成都平原、珠江三角洲平原以及其他零星小块平原，我国平原的总面积大致为 90 万平方公里，约占东南半壁的 22%。换言之，即便是东南半壁，大部分也是丘陵山区。其中含义若与印度相比也许更为清晰。印度国土面积为 298 万平方公里。看似显著小于我国东南半壁，但平原约占总面积的 40%，山地只占 25%。而且其南部的德干高原海拔也不超过 1 000 米。于是，其低缓地形反而占据了全国总面积的 75%。加上热带季风气候、肥沃的冲积土和热带黑土等

土壤条件，大部分土地可供农业利用，农作物一年四季均可生长，自然条件远较我国东南半壁更为优越。

可以说，我国 90 万平方公里的平原是承载力强大的菁华地区。历史上，黄淮平原是唐朝以前中国的主要农业区。而自宋朝以后，长江中下游平原渐成国家经济的命脉。长三角太仓和常熟这样的地名顾名思义就足以令人理解其重要性。苏、松、常与杭、嘉、湖在漫长的历史时期内担当着封建王朝米袋子和税源的角色。“两湖熟，天下足”指的则是湖北的江汉平原和湖南的洞庭湖平原。但还是要指出，我国平原地区中有的区域存在明显的短板。例如，东北大平原热资源不足，因此农业只能一年一熟；华北平原则是严重缺水的地区。

更需要指出的是，近代以来，平原地区又是我国工业化和城市化的重心所在。当前，城市化又进一步向城市群方向发展。其中的少数地区，区位条件优越，自然禀赋优良，经济基础雄厚，城镇体系完整，科教文化发达，对全国具有重大的影响力。典型的就是长三角的核心区域太湖流域，珠三角中的“小珠三角”，以及京津唐地区。

太湖流域面积 3.7 万平方公里，包括江苏省苏南地区，浙江省的嘉兴、湖州两市及杭州市的一部分，以及上海市。“小珠三角”面积为 2.4 万平方公里，包括广州、深圳、佛山、珠海、东莞、中山、惠州、江门、肇庆 9 个城市。京津唐都市经济圈，是指北京、天津和唐山之间三角地带，4.2 万平方公里。以常住人口计，这三个地区的人口规模分别约 7 千万、5 千万和 4 千万。大致上，这三个地区合起来，以不足 1%的土地，承载了我国超过 10%的人口，约 30%的经济产出。此外，其他各省也在分别推动形成自己的城市群，典型的如川渝城市群，中原城市群，以及长江中游城市群等。绝大多数城市群都坐落于平原地区。

大致上，城市群的发展意味着全国人口会向那些具有全国意义的中心城市群，也就是长三角、珠三角和京津冀城市群集聚，而一省的人口则向区域性的城市群集聚。由此带来的影响是极为重大的，意味着宝贵的发展机遇，也意味着新的挑战。

从国土资源角度看，这意味着 90 万平方公里的平原地区会有更多的人口进入。人类历史上，总是中心城

市占据最好的土地，我国的所有城市群莫不如此。以长江流域为例，无论川西平原上的成都城市群，江汉平原的大武汉，洞庭湖平原上的长株潭，江西的昌九，安徽的沿江城市带，都在迅速扩张。目前，在那些经济最为发达的地区，如珠三角和长三角，城市建设用地的比重甚至已达一半左右。其结果就是原本极度短缺的平原变得更为稀缺，城市与农业的矛盾更为尖锐。

另一个问题是人口经济活动压力高度集聚于少数较小的区域而引起的环境后果。典型的如京津冀地区的水资源危机。北京、天津和廊坊三市，其主城区几乎首尾相接，居中的廊坊距天安门广场仅 40 公里，距天津市中心 60 公里。这样一条走廊状的地带，排列着 2 100 万人的北京，1 500 万人的天津和近 500 万人的廊坊，产生的压力举世罕见。早在 20 世纪 70 年代，海河的水资源便已被“吃干榨净”，不得不引滦入津。后来更是修建了南水北调工程。即便如此可以缓解该城市群的用水问题，但河北平原的水生态恢复依然遥遥无期。而在城镇星罗棋布、产业遍地开花的太湖流域，其水环境难以治理的重要原因，与该区域人口经济活动产生的环境负荷过重有关。

总之，黑河-腾冲线指出了我国地倾东南的特点。而在东南半壁，人口与经济又主要集中在约90万平方公里的平原地区，并进一步聚焦于长三角、珠三角和京津冀三大城市群。由此导致了巨大的内部差异。需要说明的是，这种不平衡有其积极意义和消极影响。而我们要做的，就是要充分利用其中的积极因素，规避可能的不利影响。

3. 人类与资源危机

真实的历史是一部人类与资源危机的斗争史，资源危机始终纠缠着人类，而人类又不断克服危机。

多少年来，资源危机一直是这个世界的重要话题。我国地少人多，油气短缺，生态恶化，资源危机的阴影更是缠绕不去。应该肯定这种危机意识，“生于忧患，死于安乐”，对危机的警惕是长治久安的保障。但是末日情节非但没有必要，甚至是有害的。在资源问题上最容易产生误解的地方，就是将其视为一块固定的蛋糕，用掉一点少一点，直至末日。而历史却非如此。真实的历史是一部人类与资源危机的斗争史，资源危机始终纠缠着人类，而人类又不断克服危机。

理解人类与资源危机的关系需要厘清几个概念。首先是资源。尽管有种种理解，但其最为本质的含义就是具有稀缺性的事物。不管有多么美好或有用，“取之不禁，用之不竭”的东西都不是资源。在干渴的京津冀，水是至关重要的资源。但如果某处深山老林中有一条奔腾不息的溪流，溪边只住了一户人家，水之于这户人家就不能说是资源，因为其有用性虽存，然而稀缺性已不再。

另一个概念是“文明”，其对应是自然。一部人类文明史，实际上就是人类不断突破自然约束的历史。这种约束，其实就是所谓的承载力。原始社会人类的基本生存方式是采集和狩猎，单纯地利用自然生态系统的产品，自然的承载力极为低下。人类学家估计，温带丛林对人类的承载力大约为每平方公里 1 人。人类打破这种约束的方法是农业。其本质是打破自然生态系统的固有秩序，而由人类安排相关物种的关系。印尼原始森林中的土著部落选择木瓜生长良好的林地，清除可能妨碍木瓜生长的其他植物，被认为是最古老的农业实践。森林对人类的承载力因此有所提高。后来农业的发展，无非投入的技术、能源和物质不断增加，而换来单位面积产量的持续提升。

所以，文明的提升就是人类可以不断驾驭资源，打破自然的约束。在所有的资源中，能源又处于核心地位。资源危机往往也集中体现于能源危机。所以，通过人类与能源危机的关系可以对资源问题有较为客观的认识。

人类最早使用的能源是薪柴。早在 6 000 年前的新石器时代，我国黄河中游地区已有许多烧制陶器的窑场。公元前 2500—前 1600 年等多处遗址中，发现了用木炭炼铜的现场，至春秋战国时期，更以木炭为燃料炼铁。“蜀山兀，阿房出”，讲的是秦代大兴土木导致对秦岭森林的破坏。关中地区至唐朝已超越了承载力的极限。当长安成长为百万人口的大城市后，很难想象有多少卖炭翁在向这座大城提供薪炭。建设和生活需求导致了秦岭、陇东和陕西中部森林的毁灭和严重生态退化。由此导致都城东迁至洛阳和开封，又使山西和商洛的森林走上了末路。

文明越繁荣，森林就越衰败，这几乎是世界的通病。于是煤炭作为替代能源进入了经济生活。在 16 世纪的英国，煤炭的使用已经相当普遍。煤炭消耗的增长使矿井越挖越深，井下排水的难题成为限制煤炭资源开发的主要问题，由此推动了蒸汽抽水机的发展，开始了蒸汽机革命。

煤炭的广泛应用，实际上是将地球亿万年储蓄的能源在短期内释放出来。人类文明因此火山喷发般地发展。地表生态系统的承载力对人类的约束土崩瓦解。规模不断增大的能源投入与技术进步互动，极大地提高了人民的福利水平，尤其体现在人口平均预期寿命的提高和婴儿死亡率的大幅度下降上。这两者都是推动人口增长的基本动力。人民物质福利水平的普遍提高与人口增长结合，则导致能源需求的进一步上升。这种互为促进的关系导致了一场没有终点的比赛。

历史告诉我们，随着技术的发展和对自然的认识的提高，人类拥有的资源是不断增加的。但并非因此可以避免资源危机。即便人类开发资源的能力在持续加强，局部乃至全局性的资源危机也如影随形，纠缠着我们的社会。究其原因，最根本的是已经提及的人口增长与物质生活水平的提高。且两个因素的共同作用机制并非叠加，而是相乘。由此可见，在资源的供与求之间，保证大致的平衡是避免重大危机的基础。于是，要么人类发现和开发新资源的速度较快，要么合理地控制人口增长和物质消费水平提高的速度，进而适当遏制需求，有望实现这样的平衡。

对于中国这样一个人口规模庞大的国家而言，人口数量与物质生活水平的乘积效应甚至会令世界震撼。于是就涉及中国人选择怎样的生活方式的问题。发展的终极目标是提高人民的福利水平。但是全世界公认，美国人的生活方式是过度消耗资源的，不值得其他国家仿效，尤其不适合中国和印度这样的国家学习。否则，世界资源体系和生态系统会难以承受由此带来的压力。于是，我们就面临一项很有价值的挑战：我们能否找到一种生活方式，它既能够让人们过上富裕的、体面的和有尊严的生活，同时又是环境友好和资源节约的。这样的道路能够让我们发展经济的同时有效防止资源危机的发生或恶化。

还有一些其他因素会导致或加剧资源危机。比如，1973 年引发严重的世界经济危机的中东石油危机。又比如，一些国家因为政局不稳、社会动荡、经济滑坡而导致危机。总之，资源危机是人类社会经济生活中的常客。因此，居安思危是必要的，而末日情节是没有必要的。从长期看，危机乃是进步的动力。

4. 世界无末日

当我们承认市场经济激发的人类创造力有能力缓解商品性资源的稀缺时，还需要看清市场容易造成生态破坏的一面，并为遏制这种破坏做出努力。

20世纪六七十年代，在经过了战后长时间的经济增长后，世界出现了人口、能源、环境和资源四大危机，引起了广泛的关注。其中，对人类的资源环境前景持悲观看法的代表，莫过于《增长的极限》。在作者看来，人口和经济是按照指数方式发展的，属于无限制的系统；而粮食、资源和环境却是按照算术方式发展的，属于有限制的系统。于是，这必然会引发和加剧粮食短缺、资源枯竭和环境污染。报告设定没有新储量发现且维持当时的资源消费速度，1981年金矿将会耗竭；1985年将没有水银；1990年将没有锌；1992年将没有石油；1993年将没有铜、铝和天然气。虽然这不是真正的预测，但其悲观立场不言而喻。

相反，经济学家们通常持更为乐观的看法。人力资本理论之父舒尔茨指出，人类有能力和智慧减少对土地和其他自然资源的依赖，也有能力和智慧控制自身的发展。“我们发明了耕地的替代物，这是李嘉图无法预期的；由于收入增加了，父母表现出愿意少生孩子，孩子的质量代替了孩子的数量，这是马尔萨斯无法预见的……人类的未来没有尽头。人类的未来并不取决于空间、能源和耕地，而将取决于人类智力的开发。”

1980 年，经济学家西蒙与生态学家埃利希打赌。埃利希认为，在每年以 7 500 万人的速度而增加的人口压力下，其需求超过了地球资源的“承载能力”。随着资源的更加短缺，商品一定会昂贵起来，这是不可避免的。西蒙以打赌的方式认为这一切不会发生，他认为随着人类的进步，资源的价格反而会下降。

埃利希接受了西蒙的挑战。他精心挑选了五种金属：铬、铜、镍、锡、钨。赌博的方法是，各自以假想的方式买入 1 000 美元的等量金属，每种金属各价值 200 美元。以 1980 年 9 月 29 日的各种金属价格为基

准，假如到 1990 年 9 月 29 日，这五种金属的价格在剔除通货膨胀的因素后上升了，西蒙就要付给埃利希这些金属的总差价。反之，假如这五种金属的价格下降了，埃利希将把总差价支付给西蒙。

这场打赌的结局是 1990 年秋天，埃利希寄给了西蒙一张支票。从根本上讲，他不是输给西蒙，而是输给了市场，输给了技术进步。根本的原因是人类拥有的自然资源种类和数量从来就是其自身对自然的认识不断深化的结果。

技术进步如何推动人类资源的增长？其一，极大地降低了勘探和开采成本。北海油田在 10 年中，将开采成本从每桶 16 美元以上降到平均每桶 4 美元。成本的下降，还使非常规油气资源的开发变得具有市场竞争力，其开发利用潜力甚至大于常规油气资源。其二，由于先进技术的广泛应用，矿产勘查开发的地域范围更深、更广。其三，技术进步使人类能够利用更低品位的能源和矿产。炼铜技术的完善，使铜矿石开采品位可降至 0.2—0.4%，最低达 0.04%，原地浸出法使低品位砂岩铀矿得以开采。其实，更为典型的是硅。这种地球上第二丰富的元素，由于人类的技术进步，几乎使我们的生活发生了天翻地覆的变化。

所有这一切，本质上都是人力资本带来的。可以说，随着人类对自然的认识不断深化，技术发明源源不断地产生，其拥有的资源也是不断发展的。世界无末日，人类不会有资源耗竭的一天。即使少数资源会耗竭，必定也会有更多的替代资源出现。

这就是资源的发展性，体现在三个方面。一是科学技术的发展让人类认识和有能力开发更多的资源，包括新的替代资源，也包括那些原先不被视为资源的自然物或自然现象，最为典型的是光伏发电或风力发电，即便在 30 年以前，也很难想象它们有朝一日会成为常规电力的来源。二是原先不具备开发价值的资源因为技术进步而拥有了开发价值，典型的就是深海石油和低品位矿产具有了开采价值。三是资源开发利用效率的提高。

与 20 世纪 70 年代相比，世界人口形势也发生了可以观察到的变化，表现在高生育率国家的减少，世界人口迅速增长的态势已得到扭转。在发展中国家，中国计划生育的成就举世公认，泰国等取得了重大进步。非但

如此，世界上正有越来越多的国家为过低的生育率而烦恼。俄罗斯为提高生育率已经努力了几十年。欧洲的多数国家已经步入了人口零增长乃至负增长队列，日本则成了世界上生育率最低而老龄化最高的国家。我国也正在朝这一方向迅速演变，上海已经成为全世界生育率最低的城市之一。在可以预见的将来，人口规模对资源和生态系统的压迫将会到转折点。

目前看来，更容易产生问题的，是生态环境提供的服务。雾霾的加重，可以理解为大气的自净能力已不能满足人类的需求；水质的下降，也是人类的排污超越了自然水体的容忍限度；鱼类的洄游路线被水库大坝截断；从自然景观被破坏到全球气候变化，都可以归结于生态服务能力的衰减。更重要的是，生态服务能力之所以受到损害，并非是人类有意破坏，而是经济开发的副产品。农业和自然用地转为建设用地，意味着土地成了一种商品，但同时，附着其上的生态系统却灰飞烟灭。本质上，所有这一切都意味着市场过程对处于市场之外的生态系统的伤害。所以，当我们承认市场经济激发的人类创造力有能力缓解商品性资源的稀缺时，还需要看清市场容易造成生态破坏的一面，并为遏制这种破坏做出努力。我们更应该注意的是，给生态系统和生态服务能力造成伤害的，并非城市化和工业化本身，而是在此过程中的决策失误、滥用和浪费。

5. 生态补偿

尊重经济规律，尽可能利用市场机制来平衡环境保护中相关各方的利益，是设计生态补偿方案的首选。

任何城市都必须拥有水源地。为了保障水源水质，政府会建立水源保护区，并颁布相应规定，禁止区内开展许多经济活动。例如，禁止工业的进入；老百姓在保护区内不能养猪养鸭，湖岸一定范围内不能建房，不能建度假旅游设施等。总之，不能干这个，不能干那个。于是，区内群众经济机会的损失显而易见。在上海的黄浦江水源保护区，青壮劳动力多外出打工，而那些只有中老年劳动力的家庭，其收入往往只有非保护区群众的半数。也就是说，为了上海市民的饮水安全，保护区内的群众是吃了亏的。从社会公平正义的立场出发，给他们以补偿具有很强的正当性。而从生态保护的角度看，这种补偿也是必要的，否则保护者吃亏，越保护越吃亏，谁还愿意承担保护的责任？

这种弥补保护者损失的行为，在我国被列入了生态补偿的范畴。乍一看来，其原理毫无问题，然而并非如此。一个问题是补偿对人们的行为诱导。仍以水源区为例。如果补偿标准过低，则不公平现象依然未能消除。但如果补偿充分，其结果是诱导更多的老百姓滞留于保护区内，于是加重区内的人口经济负荷，不利于水源保护。看似正确的出发点，换来的却是怎样都不对的结果。类似的现象在我国并不鲜见。对太阳能光伏产业的补贴吸引了巨量资本涌入，使我国光伏产能迅速成长为“全球第一”的“超级大胖子”，但我国太阳能利用缺乏核心技术、应用体系不健全的局面并未改变。所以，发达国家对财政补贴导致的资源错置总是十分警惕，这种态度是有其道理的。

在水源区的案例中，兼顾社会公平和水源保护需要更为精妙的政策设计。对于保护区内生活陷入贫困的农户，应按照扶贫标准给予补贴；需要给区内的教育和培训给予更强大的财政支持，使年轻人有更多的机会进入

城市从事较高收入的经济活动；对于那些愿意迁出的家庭，需要从土地收储、城镇经济适用房和就业创业扶持等多方面予以支持。这样，经过一段较长的时段，区内人口密度能够下降到合理水平。那种认为挥舞钱袋可以解决问题的想法，实在是过于简单了。

另一个问题是如何确定补偿的标准。目前人们主张的理论依据是外部性。所谓外部性，指的是市场经济活动溢出的有益或有害的副作用。依据英国经济学家庇古的观点，对那些有益的副作用，也就是正外部性应给予补贴，对有害的副作用也就是负外部性应该征税。其标准应等于外部性对应的价值。就补偿而言，你干了多少好事，或作出多少牺牲，这些都需要准确地折算为货币，由政府代表社会给予补偿。应该承认，庇古的理论是完美的，但应用是极为困难的，全世界尚无这种准确计算外部性价值而后给予补贴或征税的案例。

有机肥的施用就是一个很好的案例。禽畜养殖业会产生大量的废弃物。若任其流失则会造成极为严重的污染，因此最好的办法就是将禽畜粪便制作为有机肥，施用于农业。但是，农民普遍不愿意用有机肥，原因是费力而肥效只有化肥的几十分之一。有城市打工的劳动报酬作为参照，人们自然倾向于拒绝使用。但问题在于，每使用 1 吨化肥，大致相当于消耗了 4 吨禽畜粪便，防止了由此造成的污染。也就是说，施用有机肥是一种具有正外部性的经济活动，应该予以补贴。但这种正外部性究竟价值几何，没有人能够计算清楚。在茶区，茶农们使用的积极性较高。而在沪郊，政府甚至免费将有机肥送到田头，农民在使用时还多有不情不愿者。其中原因远不是某种数学模型能够模拟的。

所以有必要重新审视生态补偿的思路。在发达国家，被我国环保界纳入生态补偿的范畴并不在一个统一的分析架构内，而是分为几类。严格意义上的生态补偿指的是对自然生态系统的补偿。如美国的湿地保护有所谓“避免、减少、补偿”的三原则，也就是尽可能避免开发湿地，如不能避免则尽可能减少，而无可避免的湿地开发，则要求开发方新建规模与功能都不低于受损湿地的新湿地，来补偿对湿地生态系统造成的损失，并每年支付湿地养护费，最终的结果是湿地及其生态功能的“无净损失”。

第二种情况涉及私人拥有的，但具有生态服务类公共物品功能的耕地、山林、湿地和城市林地。此类保护对象若范围较广，通常通过国家或地方立法，一方面限制私人业主的行为，禁止削弱生态服务功能的现象，另一方面则给予补贴。如果涉及对象仅仅为个别对象，则通过政府与业主的契约，规定业主的保护责任和政府的补贴额度。其本质是通过谈判确定生态服务价格。

最后一种情况是政府间关系，其中最典型的是上下游关系。上游保护环境、涵养水源，使下游受益，同时在全世界，绝大多数流域下游经济都更为发达，于是就涉及下游对上游的补偿。这一问题一般通过上级政府的转移支付解决，也就是上级政府将发达地区的部分税收转移给上游欠发达地区。同时，如果人口可以自由迁徙，是没有必要如我国这样每个地区每级政府都要“大力发展经济”的。上游地区的人口会不断向下游迁移，以追求更高的收入和更好的生活。这一过程对上下游都有好处：下游获得经济发展所必需的人口。而上游人口压力减轻也有利于下游发达地区，同时，缺乏经济机会的上游地方政府也可不必为创造就业机会而过于烦恼。

由此也可见，尊重经济规律，尽可能利用市场机制来平衡环境保护中相关各方的利益，是设计生态补偿方案的首选。那种要依靠专家计算，依靠政府实施的补偿方式，不仅方法学上面临诸多难点，操作模式上似乎也有计划经济之嫌。

6. 为大自然留一口水

一种生态系统的价值几何，不能用过于功利的眼光视之。诚然，水体有上述各种经济价值，但人类与水体的关系更多的是无法用金钱衡量的。

我国是一个水资源相对短缺的国家，人均水资源拥有量大致为全球人均水平的四分之一。当然，水资源在全球的分布也是高度不均衡的。亚马孙河流域地广人稀，其流量却占世界河流总流量的 20%。加上同样地广人稀的流域扎伊尔河，两河流域共占世界总流量的 25%，而其人口规模与全球总人口相比却微不足道。所以，更为客观地说，我国水资源拥有水平属于世界的中等偏下等级。但更大的问题在于降水、人口、土地在分布上的高度不一致，从而导致我国的多数地区不同程度地存在水资源短缺现象。

资源稀缺性的上升会导致使用的竞争加剧。而水资源更为特殊，因为水体既是水资源的载体，同时其自身也是一个生态系统。作为资源，水的用途极为多样化。于是在考虑诸如一条河流的水资源开发利用时，必须平衡人类的各种需求，如工业用水、市政生活用水、农业用水，所有这些姑且称之为“产品功能”。此外，水体本身还有更多的服务功能。其中包括发电、航运和养殖功能。“山是景之骨，水是景之魂”，其景观、娱乐和休闲功能正越来越受到重视。

水体的功能如此之复杂，人类对其依赖越来越重，于是竞争性使用也愈发凸显。各种对水的需求，以及代表这种需求的政府部门和社会力量都会响亮地表达自己的诉求。但是有一种需求并不会发出自己声音，它没有代表出席人类关于资源配置的讨论。这就是水体生态系统自身对水的需求。

这里讨论的水资源指的是淡水，所以相关的水体生态系统也是存在于河流、湖泊、池塘和沼泽的生态系统。无论动态的河流还是静态的湖泊，都有种类众多的藻类、水草和其他类型的植物，各种无脊椎和脊椎动物，以及各种微生物。这些生物构成的群落与水环境之间相互作用，维持着特定的物质循环与能量流动，构成了完整的生态单元。特别要注意的是，天南海北的水体千变万化，可以说每一个生态系统都是唯一的。

也就是说，一种生态系统的价值几何，不能用过于功利的眼光视之。诚然，水体有上述各种经济价值，但人类与水体的关系更多的是无法用金钱衡量的。那些美学的、情感的、文化的联系往往无法测度，但却实实在在。谁能否认柔和的吴地民风与江南水乡无关？更何况，除了人类社会的价值外，天下万物还有其自身的存在价值，独立于人类价值体系之外的价值。水体中的万千物种需要生存的空间。

于是，在对一个地区的水资源进行分配时，我们不仅要平衡人类的各种需求，还必须平衡人类与自然的需求。在保证人类社会生存发展的同时，也让水体生态系统自身能够享用基本的水资源。后一范畴就是生态用水或生态需水，其含义是水体维系其生态系统所需要的水量和水质。这一概念看似简单，实则异常复杂。水体的水量、水质和生物是相互联系、相互作用的。同时，水体生态系统的功能不仅仅是维系生物群落，还包括调节气候、补给地下水、调蓄洪水、排水、排盐、输沙、排沙等方面。健康的水体生态系统还具有较强的净化污染的能力。更广义的，河湖水体与周边陆地生态系统是互动的。陆地植被良好，水土保持功能正常，对水体生态也有积极的意义。因此，其对水的需求也应得到考虑。

正因为问题如此复杂，生态用水究竟应如何规定并无定论。发达国家通常是流量的 40%左右。我国的情况显然较为困难。人均占有淡水资源量为 2 200 立方米，内部差异悬殊，水资源总量的 81%集中分布于长江及其以南地区，其中 40%以上又集中于西南五省区。于是长江以北整个北方的水资源都属于相当短缺的地区。而矛盾最大的当属覆盖京津冀的海河流域，其城市密集，是我国第三大城市群，工农业都很发达。但人均水资源拥有量只相当于全国水平的十分之一。其结果，是华北平原上的“有河皆枯”。地表河道基本上成为洪水走廊。多数城市的工农业和生活用水严重依赖地下水。在这样的地区，我们应该如何考虑生态用水问题?

另一个重大难点在西北干旱地区，尤其是塔里木河

流域与河西走廊。其共性是流域人均水资源拥有量大，但地均拥有量很低。塔里木河流域水资源总量为 429 亿立方米，人口不足 900 万，人均水资源远超全国水平。但以流域超过百万平方公里的面积计，水资源又是严重不足的。这些地区的另一个特点是蒸发量远大于降雨量，两者的比例为 10∶1 乃至更为悬殊。一个区域的水资源总量甚至可能大部分消耗于蒸发。在此条件下，工农业用水的增加几乎将这些水系“吃干榨净”，更谈不上生态用水了。其中标志性的事件就是罗布泊的消亡。

但并不是说生态用水因此就不可能得到保障了。过去一些年，我国对河西走廊的石羊河、黑河和疏勒河流域的治理已经显现出初步成效。石羊河下游的民勤青土湖重新碧波荡漾，民勤盆地的地下水位也呈回升趋势。黑河治理成效最终体现在居延海重现生机，原先完全干枯的东西居延海湖泊湿地得到了恢复。这表明，合理的规划、严格的制度、控制取水总量、推广节水技术以及水资源的循环利用等构成的系统对策，可以让失衡的人与自然关系重建平衡。当前的问题，还是我们的制度不够严，投入不够充分。塔里木河流域这样的地区，迄今节水农业也仅占十分之一。而华北平原的灌溉用水浪费率约在 50%左右。全国灌溉沟渠管道的水漏失大致在 20~30%。将这些问题解决了，我国水体生态用水的保障是可以预期的，罗布泊葭苇苍苍、水鸟翔集的一天并非没有可能。

7. 更多的农田，更多的自然用地

我国城镇化的效率产生的土地节约效应尚未体现。究其原因，或是因为我国城镇化的效率较低，或是因为由此产生的土地节约潜力未能得到释放。

“给自然留下更多修复空间，给农业留下更多良田”，这是十八大报告提出的重要目标，是国土空间优化的基本方向，更是生态文明建设的基本要求。所谓自然修复空间，指的是免除人类经济活动干扰的土地。自然界有着强大的自我修复能力，任何退化或被破坏的生态系统，只要有足够的时间使之能够免除人类干扰，最终都可以恢复为顶级群落。从土地用途上，此类空间可归于“自然用地”。而农林牧渔诸业用地，归于农业用地。这两类土地之外，就是城乡建设用地。

问题在于，国土面积是一块固定的蛋糕。如果自然和农业用地要做加法，建设用地势必就要做减法。需注意的是，那种开发利用“荒山”或“荒滩”以弥补用地不足的思维在这里行不通，原因是这些土地其实都是形形色色的自然生态系统，属于自然用地。同时，我国正处于城镇化的高潮阶段，各地城镇建设一片火热。地方政府最为紧缺的资源就是建设用地指标。既然如此，我们似乎在两个更多之外，还要追求更多的建设用地了，但这是不可能的。

其实，“两个更多”是完全能够实现的。而且基本路径正是新型城镇化。工业化和城镇化之所以必然，最根本的原因在于其效率较高。经济效率上，工业强于农业，城市强于农村。城镇化意味着人口和其他生产要素向城市的集聚，也意味着市政设施、环境治理和其他公共服务的效率更高，还意味着单位面积土地上更高的福利产出。在根本上，城镇化是环境友好而资源节约的，是节约土地的。

所以，那种简单地将自然用地和农业用地缩减归因于城市化的观点是片面的。完成了城市化的发达国家由于 90%以上的人口集聚于城镇，都因此拥有了更广阔的乡村和荒野。例如，美国与 20 世纪 80 年代相比，其

荒野面积更大了。国土狭小的日本通过城市化，实现了70%的森林覆盖率，以及粮食等大宗农产品的自给，并由于国内生产能力过剩，部分耕地甚至抛荒。欧洲由于城市化历史漫长，不适合进行时间跨度太大的比较，但有关国家拥有的乡村和自然生态系统比例之高，令人印象深刻。

形成鲜明对比的是，我国的城镇化进程不断造成耕地的损失。1996 年，我国尚有耕地 19.5 亿亩，而当前，中央正为 18 亿亩红线实施“最严格的耕地保护制度”。且 2006 年国家提出这一红线之后，由于实行“占补平衡”制度，各地纷纷以开垦滩地、坡地和其他类型土地来补偿占用的耕地，由此非但造成耕地质量的下降，还导致自然用地的减少。这就意味着，我国城镇化的效率产生的土地节约效应尚未体现。究其原因，或是因为我国城镇化的效率较低，或是因为由此产生的土地节约潜力未能得到释放。

事实上这两方面问题确实都有。城镇化效率上突出的问题，一是工业用地过于粗放。上海是全国工业用地效率最高的，但即便如此，其不同的工业园区单位面积产出最高的能够达到每平方公里 400 亿元，而最低的仅 10 亿元，竟有 40 倍的差距。而在全国范围内，很多园区的产出效率更低，甚至只有每平方公里 2 亿左右的产值。不言而喻，更为广大的园区外工业用地的效率更为低下。其中浪费的土地数量巨大。

二是城市建设中的空城鬼城，包括征而不用的土地，建而乏人问津的小区，还包括那些虽然已有归属但却无人居住的房屋。即使其中的部分最终也许会获得有效使用，其闲置的时段也意味着土地生产力和生态服务的浪费。例如，有座城市规划的新城，面积达 1 500 平方公里。按国家的建设用地标准每平方公里一万人，该新城应该吸纳 1 500 万人口。由此引起的问题太多了：真的有如此庞大的人口前来这座城市吗？他们来干什么？保证其安居乐业的七八百万就业机会会以怎样的方式创造出来？即便这座新城最终真的有那么多人口迁入，这一过程需要多少时间？已经建成的新城中，许多历时十年以上依旧空空荡荡，它们的成熟究竟需要多少年？需要注意，成熟期过长也是对土地资源的浪费。

另一方面，我国 2.5 亿亩农村宅基地何去何从，才

是更大的问题。宅基地原本就存在大量浪费。按国家一人一分地的标准，2.5 亿亩确实太多。更重要的是，城镇化过程已导致大量空心村的出现。部分进城人口只是年节返乡，且有越来越多的人成为真正的移民，永久性地扎根城市，他们的子女更无回到农村的可能。与之相关的宅基地某种意义上都是浪费的。这一重大资源如何盘活，尤其要保证其中的部分回归自然，部分则变成农田，是实现“两个更多”的主渠道。但要实现这一目标，还需要从两方面努力。

一是让城市真正成为进城务工人口的家园。务工者之所以多数人还在老家保留住宅和农田，原因是复杂的。但最为根本的，还是因为城市并未真正认同他们，而他们也未认同其所在的城市。城市的不认同，体现在未能向他们提供均等化的公共服务。区别化的公共管理也不断提醒他们与城市户籍居民之间的差别。而对于进城人口来说，不能享受到与户籍人口同等的养老、医疗和教育等公共服务，也使他们对城市很难产生感情和长期安家落户的愿望。

二是土地制度有待于深化改革。农户拥有的宅基地以及其他土地的使用权，何种程度上成为农民的财产权，决定了这些土地能否有效流转。只有土地使用权确实成了农民的一种财产，让农民有权在法律许可的范围内自由处置，通过交易获得最大利益，闲置的土地才会真正得以盘活。

8. 应对农村的空心化

未来的农业劳动力不是单纯的数量问题。其本质是如何提高农业劳动生产率，以较少的劳动，较低的成本，生产更多更好的农产品。

当前我国正处于高速的城镇化阶段。在过去的30多年中，全国城镇化水平从约20%上升至超过50%。这一过程还将持续，直至在未来的20至30年中，会有70—80%的人口在城市生活。在人类历史上，还未有过规模如此浩大的城镇化运动。

城镇化的反面是农村的空心化，意味着人口进入城市，而农村变空了。但需注意，空心化不仅意味着农村人口的减少，更意味着人口年龄结构和从业结构的变化。相对于中老年人，年轻人走得更多，于是农村老龄化程度会远超过城市；同时，留在农村的人口，也更多地从事非农产业，成为以非农收入为主体的兼业农民。

空心化的影响包括农村缺乏经济活力，商业服务业难以振作，公共服务缺乏效率，宅基地资源的闲置，以及谁来种田等问题。

未来的农业劳动力不是单纯的数量问题。其本质是如何提高农业劳动生产率，以较少的劳动，较低的成本，生产更多更好的农产品。于是，这要求农民接受更多的知识技能教育，能够有效扩大经营规模，同时也能获得更高的收入，将务农视为一种职业。换言之，未来的农民是“职业农民”，而不再是一种身份。但仅仅如此还是不够的，未来的农业必须是省力化的。

所谓省力化也有两层含义。一是如何克服劳动力价格上涨的影响。在传统的小农经济模式中，劳动本身是不计价值的。为了生存，人们选择投入过多的劳动，换取过少的回报。20 世纪 90 年代初，笔者访问某山区农村，看到人们普遍从事鞭炮纸卷的生产。加工一万个纸卷的报酬是 1 元。老人和孩子利用零星时间从事这种副业，居然十分流行。但近些年来我国工资水平不断提升，农民们已经懂得时间的价值了，有城市打工的影子价格作参照，人们很难再愿意从事那些效率较低的农

活。二是现在的农民，尤其是年轻一代，很多人曾外出闯荡，也是看电视长大的，其眼界并不低。因此，他们已不愿意面朝黄土背朝天，从事又脏又累的劳动。这种态度不应该受到指责，向往一种更有尊严的生活和体面的工作，乃是人的天性。由此对未来农业提出的要求就是省力化。具体地说，包括让人们轻轻松松地种田，例如，一季水稻每亩地的劳动投入降至一个人工以下；农业劳动的单位时间收入不低于进城打零工所得；无需再从事那些又脏又累的农活。

这些看似琐碎的目标反映着农业生产力提升的方向，其实现并不容易，大致上需要从三个层面努力。一是个人层面，需要的是知识技能水平的提高，为此个人和政府应该形成相应的投入机制。在规模较大的家庭农场，会购置农业机械和其他设备设施。二是社区层面，需要形成相应的公共设施，以及专业化服务能力。同样是小农经济的日本，村级社区通常由政府投资建设粮库、冷库、大型农机、污水处理设施、养殖和农业有机废弃物处理设施等，但由村负责运营，也就是“官办民营”。三是政府层面，承担对农村农业基础设施的投入责任，建立完善营农指导管理体系。

省力化与农村环境治理息息相关。如果政府对此不予重视，农民也会追求省力。例如，人们不愿意施用有机肥，而是粗放地施用化肥，结果就是发生严重的化肥流失，导致严重的富营养化。又如庄稼秸秆，其他处置方法费时费力，一烧了之最为省力，结果就是燃烧秸秆成了久治不愈的顽症。说到底，这些都是农民在时间价值上升后的选择，而唯一的出路，就是以资本，也就是以设备设施替代传统人力劳动。又由于农业的弱势产业特点和相关问题的环境效应，政府必须承担投入的责任。

在农业和环境的交叉领域，省力化投入首先是农村农业废弃物的处置。大中型的沼气和堆肥设施需加强自动化程度。户用沼气池的沼液沼渣处理，需要以村为单位配备专业服务人员。堆肥和沼渣需要免费送达农户田头，让农民轻松施用。上海有的乡镇甚至由政府购置有机肥并免费送达。因为农民用掉每一吨有机肥，都是在降低污染程度。其次是农药化肥施用，可以考虑以村乃至乡镇为单元组建专业队伍开展精细操作，以最大限度

削减面源污染。在设施化程度较高的农田，可以通过滴灌实行精准施肥。总之，以资本替代劳动，不仅是提高农业劳动生产率的必由之路，也是环境治理的根本之策。

在空间上，治理农村空心化是一个重整山河的过程，并统筹解决一系列复杂的问题。为了帮助那些交通极为不便，甚至不适合人类居住的地区的群众摆脱贫困，并享受基本的公共服务，他们有必要通过政府的资助，迁移到人口较为稠密的地区。为了让农村医疗、教育和养老等公共服务更为有效，也使农村供电、道路和给排水之类的公共设施具有较高效率，过于分散的村落需要合并，形成规模和密度都比较适合的新村。人口规模较大的村落也有利于商业服务业的生存。所有这些要求，都值得一个地区的决策者和规划者思考。

这一过程产生的重大影响，就是会出现大量废弃的村落和宅基地。甚至在自发的条件下，农村也出现了一些空无一人的荒村。笔者曾访问过一些人去村空、房倒屋塌的村落。它们基本上都位于交通不便的深山，没有就地发展的可能，因此村民用自己的脚做出了选择。荒村中杂草丛生，甚至可见野猪进出于房舍。未来，这样的村庄将会回归大自然的怀抱。只要没有人类的干扰，几十年之后聚落会被森林取代。对于一个地区，例如一个县或市来说，合理的格局应该是人口高密度地聚集于城市、集镇或新村，让城乡居民享受繁荣、便捷和完善的公共服务的同时，还能够充分享受大自然的生态服务。将更多的土地还给农村，放归自然，这是城市化过程带来的最重要的生态红利。

9. 生态价值的实现

那么，我们应该怎样认识生态服务的价值？既然是值得保护的对象，又何须以金钱符号来标识其重要性。我们需要承认价值的多元性，经济价值应该有其边界，而其他价值也应该有独立存在的空间。

经常有人谈论乃至计算某种生态系统的服务价值，最为常见的就是湿地和林地，如有人计算每公顷湿地每年提供的生态服务价值 1 万美元，又闻相关研究认为上海的林地每年产生的生态服务价值为 160 亿元等。这些观点或计算的本意，是提醒世人重视相关生态系统，或要求政府财政予以更大的投入。但问题在于，很多时候宣扬这样的价值，并不一定能够提高人们的生态保护意识，反而有时候会将人们弄糊涂。

这里涉及一个重要问题，即价值的含义。到底什么是“价值”？一种观点认为价值源自事物的有用性，或客体之于主体的有用性。但哲学领域乃至生态学界也有“固有价值”一说。也就是说，一个物种或生态系统有其存在的价值，这种价值并不依赖于它对其他事物的作用，苍蝇和豺狼并不因为它们不受人们的欢迎而丧失其固有价值。又如，很多价值属于伦理范畴、美学范畴或其他非经济范畴，游子对故乡的眷恋，荒漠落日的辉煌给人的震撼，都可以说其中体现了某种价值，但显然这些价值与货币价值无关。

即便是经济价值，也不是都可以货币化的。最典型的就是家务劳动和邻里互助的价值。有人试图用市场上雇工的工资计算家务劳动的产出，不用说，这种想法愚蠢无比。当年撒切尔夫人贵为英国首相，却竭力为家人下厨房，难道这是为了省几个钱？显然，其中包含的亲情和对新教伦理的信念并不包含在市场价值之内。因此，市场价值和非市场价值的区分极为重要。所谓市场价值，指的是通过交易实现的价值。而非市场价值，包括了家务劳动、邻里朋友之间的相互帮忙、社区义务劳动、慈善性劳动、陪伴、关怀，也包括那些具有经济价

值的生态服务。通过直观的比较也能够理解，所谓非市场价值，就是不应该以市场价值衡量的价值。亲人为你端来的一杯咖啡与咖啡店服务员端来的，即便品种口味完全一样，价值也是不可比的。

于是，那种将生态服务价值理解为经济价值，进而等同于市场价值的观点存在着本质的错误。强行将非经济和非市场的价值估算为市场价值，其作用是贬低了生态价值本身，是金钱高于一切的庸俗方法论的体现。试图这样做的人们不能否认自己潜意识中金钱至上的倾向。而我们不妨认真思考，生物多样性、净化能力、涵养水土乃至我们家园的美丽，岂是用金钱能够涵盖的。在实践中，生硬搬用市场价值计算出来的生态价值并不能被社会接受。迄今为止，还没有一个国家是依据这一方法实行生态补偿政策的。

在方法上，将生态服务货币化的许多模式是存在严重缺陷的。如支付意愿法，通过问卷调查人们为某种生态服务愿意支付的数额，以此来近似该项服务的市场价值。其问题在于，人的本性是倾向于搭便车的，通常会掩饰自己真实的支付意愿。针对同一种生态服务，如果将问题改为一旦丧失这种服务，人们愿意接受多少补偿，即补偿意愿法，其结果通常会高于支付意愿几十倍。这就意味着，上述假想市场法毕竟不能替代真实的市场价值。在现实市场中，成交价格必定是买卖双方都能够接受的。

又如用人类的生产成本来计算大自然的服务价值。典型的是用人类制造氧气的方法来计算植物制造氧气的价值。其实我们没有注意到，与光合作用相比，人类的氧气制造技术是极为落后的，其成本也是极为昂贵的，两者完全不能相提并论。对于用这种方式计算生态服务价值的人们，笔者建议他们以类似的方式做一件事：以人工合成一只鸡蛋的成本来计算一只老母鸡的价值。

那么，我们应该怎样认识生态服务的价值？或更确切的，应该如何认识其重要性？在笔者看来，既然是值得保护的对象，又何须以金钱符号来标识其重要性。难道需要我们加以珍惜的一切事物，都应该用货币来刻画？这种逻辑是很奇怪的。我们需要承认价值的多元性，经济价值应该有其边界，而其他价值也应该有独立存在的空间。现在人们经常讨论政府的边界，其实市场

也是应该有边界的，决不能允许资本如同闯入瓜田的野猪那样到处乱拱。

体现于实践中，那些值得我们去保护的系统都是无价之宝。保护是无条件的。为贯彻这一原则，需要明确两种边界。一是为保护对象划定边界，也就是我们通常所说的生态红线，典型的就是各种自然保护区、天然林、水源涵养区等。这些区域划定之后，就不允许人类经济活动进入，至少禁止某些产业的进入。二是为经济活动划定边界，阻止各种名目下不断蚕食自然的所谓开发。也就是说，为了保护生态，应该把人类经济活动关进笼子。

现实中我们已经有这种笼子了。城市是集中人口的笼子，园区是集中企业的笼子。但严格地说，其效率还有很大的改进余地。我们国家工业区的单位土地面积产出大致上只有发达国家的百分之一左右。城市建设出现大量的空城，紧凑度明显不足。如果我们能够将这些问题解决，就能够以很小的面积，容纳更多的人口和其他生产要素。于是就会有更多的土地用于生态保护。也就是说，生态服务的价值无需辛苦计算，关键在于我们要承认其存在的正当性，以及人类开发活动并非总是正当的。为人类经济活动划定范围，可以称之为“界内发展”。它反映了在处理人类与自然关系时自我约束的必要性。

10. 怀念那萤火虫飞舞的夜晚

在现代化进程中，我们究竟应该如何对待自己的家园，如何保留数千年的传统，如何向过去学习。

工业化的一个特点是人们虽然追求时尚，却使所有人变得越来越像标准件，君不见当下多少人成了“低头一族”？城市化给人们带来了更为舒适的衣食享受和住行条件，但我们究竟失去了多少，似乎乏人问津。由此涉及农村的价值，农村对我们而言究竟意味着什么？对此不妨回顾一下欧洲和日本对农村的政策体系，可以发现其更偏向于强调对传统文化、民族生活方式、乡野景观和生态系统的保护。城市是时尚的，各种流行如风一般吹过，充满着变化。要保留民族性和地方性，唯有对农村的精心保护。我们不能不赞叹这种保护的成果累累。相信任何到这些国家的乡村游览过的人，都会对那些美丽而富有个性的农村留下深刻印象。

或许是因为我们脱离农业社会的时间还不远，也或许出于 GDP 至上的导向，农村在人们心目中的地位是不高的。许多人看来，农村的价值在于菜篮子和米袋子，是落后与待开发的代名词。对于城市及其市民而言，农村如何与我们血肉相连，在精神、情感、文化上怎样让我们难以割舍，在生态环境和地方风貌上如何向城市提供服务，认识尚是不清晰的。即便在“锦绣江南”，农村也在不知不觉中被蚕食，被边缘化，被“发展”。那梦幻般的江南已然远去。

狭义的江南，指的是太湖平原，即苏南的苏、锡、常，钱塘江以北的杭、嘉、湖，以及上海。所谓锦绣江南、鱼米之乡、上有天堂、下有苏杭。千年以来，这里一直是中国的菁华。从几千年前的沼泽，逐步演变为中国最为富庶的水乡农村，又在此基础上形成了世界上最大的城市群。江南作为一个维系了几千年而不退化的农业系统已经是人类历史的奇迹，何况如果不是城市化的话，它似乎还有能力千年万年地维持下去。如此高度和谐而可持续的人类生态系统，其本身就是文明的瑰宝。

江南水乡的这一特点与历史上持续不断的水利建设密不可分。即使从春秋吴越时期算起，其水利史也足以令人肃然起敬。这种数千年的大区域网状水利建设不可能不对社区结构和组织产生深刻的影响。开垦滩涂需要筑堤，堤下取土形成河道。开垦湖沼先需排水，于是开挖泯沟。这些“毛细血管”互相连通，并通向更大的河流，最终构成密如蛛网的水网体系。同时形成的，还有极为便利的水上交通。

在太湖流域，国家级河道、州县级河道、乡村水网，是人们生活、生产、出行、运输、防灾的依靠，是决定人们盛衰存亡的公共系统。如此重大的公共物品，它的建设和维护必须有相应的组织，也必须有相应的思想意识。所以，按地区区分，水乡文化是我国传统文化中最强调公共意识的。年复一年的对这一巨大系统的维护固然需要组织、协调和管理，但也必须以人们的自愿合作为基础。由此养成了水乡的柔和，以及注重合作与沟通的文化。

江南地区是传统社会人与自然和谐的典范，水与绿是聚落的主旋律。无论宅院还是村落，都是一种近乎完美的人类生态系统。乡间民居往往同时具有生产和生活双重功能，对自然要素的利用和保护发挥到极致。

经典的农宅通常由一条宅沟环抱。为了抗台防涝，故开掘宅沟的泥土用以填高宅基，具有避洪作用。屋后则竹林环伺、林木葱茏，那既是主人的财富，又是抗风、防寒和避暑的屏障，竹器的编织则能够有效吸收农闲时的富余劳动力。这样的布局也许不被“现代”的规划者看好，但实际上其效益极高。沟中的鱼虾，树荫下鸡舍猪圈，竹林的春笋、夏日的林荫和主人工余饭后的竹制品，农宅中的一切都那么和谐，看不到丝毫浪费。任何废弃物，哪怕只是一瓢刷锅水，最终都会被错综复杂的庭院生态系统利用。能不能实现“零排放”的争论其实是没有意义的，江南的农宅就是一种零排放系统。

从生态立场看，江南的另一瑰宝乃是水田。根据日韩和我国台湾地区学术界的系统研究，在其产品功能之外，水田有着巨大的生态效用。一是防涝减灾，水田可以有效弱化暴雨径流。二是涵养水源，安定河流，稳定地下水位。三是防止土壤侵蚀，并净化土壤。四是构成美丽的乡村景观。此外，水田还有保护生物多样性和净

化大气等各方面功能。将水田与人工林进行全面比较，前者的生态效益远大于后者。

水网与水田的结合，构成了这个世界上极为独特的景观，也塑造了一种精致到极点的农耕文化。认真观察后不难发现，传统江南农村很少有单一功能的东西。例如，这里过去纯粹的生态林很少，那些著名的古镇几乎没有树林，但有桑基鱼塘。蚕桑业支撑着丝绸业，乃至达到“衣被天下”的水平，而蚕粪成了鱼儿们的饲料，鱼塘的淤泥又成为稻田的底肥。每年水稻种植之前，乡民们会联合起来，三三两两地“擿河泥”，也就是将河道中的淤泥用作稻田的基肥，既获得了肥料，又为河流清淤。

时至如今，前面所讲的似乎正在远去。太湖平原的多数县市，城市建设用地都超过了辖区面积的一半。作为一种高度耗费劳动的生产活动，“擿河泥”彻底消失了，水流因而不再清澈。孩子们沉醉于平板电脑，却再也体会不到夏夜大片萤火虫带来的惊喜，也见不到春日小河中小蝌蚪的浩浩荡荡。人们可以随意地从商场购买大米，却告别了“稻花香里说丰年，听取蛙声一片”的情景。待建设的喧嚣过去之后，往日的锦绣江南不知还有多少可以留下。也许更应该思考的是，在现代化进程中，我们究竟应该如何对待自己的家园，如何保留数千年的传统，如何向过去学习。

11. 扫描宜居城市

关于城市的宜居性，最重要的是安全、繁荣、就业、医疗诸方面，我们不能只追求外表的好看而本末倒置。

近年来，宜居成为许多城市追逐的目标。城市的管理者不再简单地追求 GDP，而是在乎老百姓生活在这座城市的满意程度，这是一种进步。但什么是宜居性，又很难说清楚。为此，国内一些机构纷纷推出自己的评价指标体系。大致上，这些指标由经济、环境、社会、安全等方面构成。如 2006 年建设部委托中国城市科学研究会编制的体系，就是由社会文明度、经济富裕度、环境优美度、资源承载度、生活便宜度、公共安全度六个方面构成。按一般的研究方法，类似的每个领域都会有细化的指标，并按指标或板块赋予权重，据此对相关城市评分，并形成排行榜。

但我们没有必要列出上榜城市的名单和理由，真正应该感兴趣的，是对宜居性的理解。

首先，不能用问卷调查居民的满意度来判断城市的宜居性。满意度是一种很奇怪的东西。其合理性不仅取决于人们对什么满意或不满意，而且其过高和过低也许都不好。从数学上，这叫作不具有向量性。满意度很低固然可称之为民怨沸腾，但过高也许意味着这座城市过于传统保守，缺乏竞争和向上的动力，所以也未必是好事。没有对现状的不满，就不会有进步。世界上满意度最高的人民生活在汤加和不丹。我们也许会赞叹那里的人们是如何知足常乐，但不会有几个人愿意迁移到那里。一般，稳定而缺乏变化的社会满意度较高。

其次，另一个问题是权重。不同的权重意味着指标之间有着重要性的差别。例如，中国城市科学研究会体系中，环境指标被赋权 30%，而经济指标只有 10%。这说明编制者心中认为环境比经济更为重要，且前者是后者的 3 倍。无论用的是什么办法确定这样的权重，其合理性都是值得怀疑的。当然，这不是说环境不重要，而是不应该用机械呆板的方式来确定相关变量的权重。

山清水秀的大山里的人们为追求较高的收入进城打工，呼吸着不如故乡的空气，住在拥挤的斗室，难道说他们是放弃了“30”而去追求“10”的“宜居性”？

我们可以援用效用函数的理念。当一个人饿着肚子的时候，一块面包的效用是很高的。如果他不断地吃面包，结果必然是后一块的效用低于前一块。当他完全饱了以后，也许温暖的被窝或找朋友聊天之类的需求在其效用函数中会处于更为优先的地位。对于城市的居民而言，宜居性也有类似的特点。安全、公共服务、繁荣、环境等要素中谁更重要，城市不同，或人群不同，优先性自然也不同。

边远贫困地区的人们告别清新的山间，来到空气混浊的城市打工，追求的是较高的收入，以使自己和家人的物质生活质量有所提高。对他们来说，环境显然是次要的。他们来到城市打拼，图的是更好的营养和医疗条件，是为他们的孩子能够接受较好的教育。或者说，城市高水平的医疗服务和较好的营养条件是其更重要的“环境”。他们中的年轻人还会追求繁华、时尚和热闹。笔者曾对友人言，我们也许没有必要过度忧虑上海的环境质量，因为其人均预期寿命已经向 84 岁进逼。在另一个极端，对于生活较为富裕的居民来说，其生命财产的安全是第一位的。有外国友人高度赞美上海。不为其他，其第一位的理由就是上海的女孩子半夜也可以放心地孤身外出。

总的来说，随着经济发展和生活水平的提高，人们提高自身生活质量的追求会从物质消费转向精神文化消费，从数量消费转向追求质量，从私人消费转向追求公共服务，从户内消费转向户外消费。而对环境的偏好，则体现在这些转变中。

《经济学人》的 EIU 全球城市宜居性指标体系是国际上较为公认的权威体系。其指标的优先性排列为安全、医疗、文化与环境、教育、基础设施。有意思的是，“文化与环境”板块中并无我国指标体系中常见的绿地比例或污水处理率之类，而是关心居民的健身运动、精神文化生活和饮食状况。按照该体系，2014 年位居前列的城市是维也纳、慕尼黑和奥克兰这样的城市，其共性是富裕、安宁、中产阶级占据人口主体而贫富差距较小、城市规模不大不小、美丽的自然风光、健全的社会保障、较厚重的文化积淀。这是后工业化阶段一种比较理想的状态。由此可见，不同发展阶段的国家也许应该使用不同的评判标准，过于教条的方式是没有意义的。

而过度强调绿化等指标未必能够使一座城市变得更为宜居。观察发达国家的城市，其商业街的绿地很少，因为这里需要的是旺盛的人气。又如，以低密度住宅为主的居住区也不适合建设很多的公共绿化，因为那样做反而会增加人们的不安全感，更不用说浪费了土地和资金投入。我们的许多城市，旧城区人口密度过高，大妈们跳广场舞都会触发很大的矛盾，孩子们放学后想找块可以踢球的场地更是难上加难。而那些新区新城人气散淡，需要的是增加城市的紧凑性，却往往有着大而无当、过高比例的绿地。这种矛盾的存在，恰恰损害了城市的宜居性。至于新农村和新市镇建设中搬抄城市绿地，甚至在山清水秀的山区小镇也大搞城市园林的做法，就更值得检讨了。无论如何，关于城市的宜居性，最重要的是安全、繁荣、就业、医疗诸方面，我们不能只追求外表的好看而本末倒置。

12. 公地的悲剧

“公地的悲剧”的制造者不仅是个人，也可能是企业，甚至可能是政府。

一群牧人生活在一片草原上，放牧为生。草原是共有的，牛羊是私有的，每个牧人都可以利用共有的草原，把它转化为私人的牛羊。在生态学上，“承载力”这个词就发源于草原与牲畜数量的关系。存在着某个点，牲畜数量超过了这个点就会对草原的自然生产力造成损害。现在假定草原的承载力已经到了这个临界点，再增加一头牛羊都会导致对草原的破坏。因此出于全体牧民的长远利益，每个人都不应该再试图增加自己的牛羊。但是很不幸，人都是聪明的，都是理性而自私的。每个人都会如此思考并做出选择：如果自己再增加一头牛羊，并由此损害了草原，但牛羊带来的财富是自己独占的，而对草原产生的损害则由所有人分摊。所以从自私的立场出发，每个人的必然选择都会是继续增加自己的畜群。当然其结果也是注定的。随着过牧现象不断趋于严重，草原也不断退化，最后沦为一片荒漠。

这个故事是著名生态学家哈丁提出的描述性模型，其核心命题是“公地的悲剧”。所谓“公地”，必须具备两个基本特征。其一，这是一种资源，可以被人们用来增长自己的财富或牟取其他好处。资源总是稀缺的，因此存在着竞争性使用。其二，这种资源的产权是公共的，或是不清晰的，或无法将某些人排除在使用者的范围之外。这两个特征结合起来，就意味着对这种资源的需求压力必定会超出其承载能力，同时还不能阻止更多的利用行为。其结局就是系统的退化乃至崩溃。

虽然哈丁描述的，只是基于理性推断的结果。但现实中，“公地的悲剧”还是相当多的。我国大量草原退化，核心的原因都是过牧。过多的采集者收集荒漠地区的发菜和青藏高原的虫草；淘金者蜂拥进入可可西里，都导致了严重的生态破坏。在其他国家，凡是草原沙漠化、雨林被毁、海洋渔业资源大幅度衰减的地方，不同程度上都有这个问题存在。我国南海一些区域的渔业资源曾因渔民盛行电网捕鱼，而遭受近乎灭顶之灾。长江口的鳗苗资源，在年复一年的狂捕滥捞下已告衰竭。曾经有位老人为电网捕鱼而痛心疾首，痛责大家干的事情是要“断子绝孙”的，但他自己也还是加入了这支干坏事的大军之中。理由很简单：谁不这样干，谁就会吃亏。

在更广泛的范围，我们也能观察到类似的现象。在一座城市内部，道路和其他开放性公共空间对社会经济生活的正常运行是必需的。但只要有可能，占路设摊、跨门营业、违章搭建和乱张贴之类的行为就会蔓延滋长。原因只在于，由此产生的收益被个人占据，而由此产生的成本则社会分摊。

“公地的悲剧”的制造者不仅是个人，也可能是企业，甚至可能是政府。以雾霾为例，许多城市都在诉说自己的无辜，痛陈本地的雾霾之害是其他城市带来的。但是认真观察，可以说雾霾区的城市都不是无辜的小白兔。困扰亿万人民的雾霾之所以难以治理，核心的原因就是在当前体制下，无论省、地区还是城市，谁不大兴土木并大量上马重化工业谁就吃亏。由此产生的政绩和利益留在当地，而由此产生的困扰大家分担。另一方面，无论京津冀、长三角还是山东，燃煤过度都是引发雾霾的最关键因素。而产能过剩、效益下降又削弱了企业治理污染的意愿和能力。所以从当前看，削减过剩和落后的重化产业是最有效的治理手段。但问题是，由谁来承担去重化的使命？每个城市最可能的立场是希望其他城市削减重化，自己则坐享其利，不仅享受环境改善的利益，还获得过剩产能去除后的经济利益。与“公地的悲剧”中哈丁设定的一样，每个城市的领导都是很聪明的，很理性的，于是宏观上就导致了治理的困难。

遏制“公地的悲剧”，总的来说要求完善社会经济生活的运行制度，大致为三个方向。

其一，明晰产权对遏制无数市场主体的滥用行为极为重要。责任和权利的边界明确了，人们才会对长期利益产生正确的预期，也才会产生保护动机。但问题在于，发生“公地的悲剧”往往意味着相关的资源产权是难以明晰的。如长江口的鳗苗，前来捕捞者北起山东，南至福建。显然不可能承认所有这数万条渔船的“捕捞权”，同时，又很难承认部分人的权利而排除其他人，因为维持这样的制度需要巨大的经济和社会成本。

其二，“公地的悲剧”理论上可以通过政府严格执法和管制予以消除，于是又引出了制度的有效性问题。执法也是需要成本的，在很多时候，生态保护的制度因成本过高而难以执行。例如，我们规定进入国家级自然保护区的核心区必须经由国务院批准。但在实践中完全不可能因此布下天罗地网，所以崇明的东滩依然是开敞的，游人为了观鸟在保护区的核心区进进出出。在另一些场合，则要求政府和全社会维护法律的尊严。典型的是城市道路的设摊问题。围绕摊贩的众说纷纭都忽视了我国《道路法》禁止经营性活动的规定。真正的问题在于，我们必须维护法律的尊严，否则城市会退化为大公地；而如果应该允许摊贩存在，则首先就应该修订法律。

其三，可以通过利益相关者共同制定和履行规则来防止“公地的悲剧”。在雾霾治理上，一个城市群的成员可以就削减煤炭消费量举行集体谈判，国际社会在削减二氧化碳议题上的多边谈判也属于这一范畴。而微观上，最典型的是为了保持环境的整洁，一个村制定了所有人都必须遵循的村规民约。

13. 有一种危害叫外部性

外部性越严重，就会引发更多的人滥用环境，而更少的人投身于环境保护。

理论研究中，研究者经常会对社会进行极度的简化。譬如说，我们假设一个社会只有两个成员：上游的工厂和下游的养鱼场。工厂向水体排放污染，养鱼场因此蒙受了损失。凡企业都必须核算自己的成本收益。在其会计账户中，成本包括原料、工资和银行利息等各项。但是，如果从社会全局利益出发，该企业还应该治理自己产生的污染，并为此付出相应的成本。在前面的情景中，企业并没有治理污染，因此相应的成本也没有出现在其会计账户上。

但是，这部分成本真的消失了吗？没有。该企业只是将污染转嫁给了下游的养鱼场，从而逃避了治理成本而已。这种不表现于企业成本构成但又实际存在的成

本，就是外部性。所谓外部，指的是市场的外部。也就是说，企业记录于账户的那些成本都来自市场，而转嫁出去的污染并未通过交易。我们可以将企业体现于会计账户的常规成本加上转嫁出去的部分称之为“社会成本”，而将其会计成本称之为“私人成本”。外部性就是社会成本与私人成本之差。

外部性也可能给他人带来好处。比如某位城市居民有一小片私人院子，种了桃树，开满桃花，带给路人和邻居们美好的视觉享受。显然这位居民给路人邻居创造的这种享受并没有通过市场价格反映出来，因为他没有向路人收取赏花费。桃树开花而路人欣赏是私人庭院建设的副产品，并不在价格体系中体现，于是就产生了外部性。现实中，正负外部性都广泛存在。

需要特别注意的是，负外部性固然对社会造成了损害，而正外部性的存在对社会也是不利的。有机肥的使用就是一个典型的案例。为了满足城市居民对畜禽产品的需求，我国建设了大量规模化养殖场。其污水和粪便若不能以环境友好的方式处理，则会产生严重污染。从技术上，畜禽粪便最合理的出路就是制作有机肥，然后用于农业。这不仅消除污染、改善土壤质量，还能够减少化肥的施用和由此导致的流失，对环境的好处不言而喻。但在实践中，有机肥的施用却成了难题。20 世纪 90 年代，上海曾在郊区兴建了一批现代化的堆肥厂。当时人们以为，农民会对使用有机肥充满热情，指望他们会大老远地开着拖拉机前来购买。但结果是“门庭冷落车马稀”，一年之内这些企业便全数倒闭。

其原因在于，有机肥与尿素相比，肥效大约相差二十多倍，不仅价格高，见效慢，更重要的是要消耗更多的劳动。这里我们忽视了一个重要问题，就是农民施用有机肥不是一种简单的劳动。制作一吨有机肥大致需要 3—4 吨畜禽粪便。于是，农民每施用一吨有机肥，意味着他同时消除了 3—4 吨畜禽粪便造成的污染。于是就能发现，将购买和施用有机肥视为一种完全的市场行为，其实是抹杀了对环境保护的贡献。这就使农民的这种生产活动带有了强烈的正外部性，他们并没有占有其劳动应得的收益，因为对环境的好处被社会无偿占有了。进而我们完全可以理解，为什么农民对购买和施用有机肥没有积极性。

将正负外部性联合起来看。负外部性意味着其产生者将一部分成本转嫁给了社会，其结果是使其获得了不正当的利益。由此进一步对其产生者提供了不适当的激励，使人们产生扩大相关经济活动的冲动。而正外部性意味着其产生者的一部分收益被社会无偿占有，导致其实际收益过低，于是对他们进一步从事这种经济活动的意愿产生抑制。两者合并，就意味着在环境保护上存在着“善无善报，恶无恶报”的问题。外部性越严重，就会引发更多的人滥用环境，而更少的人投身于环境保护。

因此，外部性的存在是一种不良经济机制。从经济学看，消除外部性是消除环境滥用行为的根本。那么，如何消除外部性呢？英国经济学家庇古认为，针对负外部性，应该根据其大小，或外部性的制造者从中获得的利益征税。假如一个企业通过免费排污获得了若干利益，现在以征税的方式将其这部分不当利益剥夺，就意味着以前转嫁的成本又回到了企业的会计账户。由此产生的影响，一是其利润空间被压缩，进而生产和污染规模也会因此回缩；二是企业将会就污染治理还是缴税之间做出选择，并且很可能通过技术进步、工艺升级和产品换代来降低污染。无疑这对于企业和社会都将是有利的。另一方面，针对正外部性，庇古的药方是根据其大小，或社会无偿占有的利益给予补贴。由此正外部性的生产者流失的利益得到了充分的补偿。这不仅给予了生产者以正确的激励，还会吸引其他主体的参与，从而保证相关经济活动的总规模能够满足社会的需求。

上述税收和补贴合起来，被称为“庇古税费补贴体系”。在环境保护领域，其影响极为广泛。“生态补偿”和“谁污染，谁治理”等都发源于此。但严格地说，现有的环境税费和补贴虽深受其影响，却都不是真正意义上的庇古税费补贴。核心的问题在于外部性在核算上的困难。在存在市场的条件下，价格是通过交易产生的。而外部性正是缺少市场的结果。我们虽然痛恨雾霾，却不知道这东西究竟值几个钱，或能够以多少钱为代价消除之。空气污染对健康造成了损失，但经济上究竟怎样计算却是难题，至少，因污染造成的精神痛苦也许是永远算不清的。所以，通常的环境税费补贴标准的确定，更多的是通过渐进的方式，驱使市场主体朝正确的方向转轨。

顺便提及，有些外部性不通过税费补贴也能够合理处置。典型的有商圈的扎堆效应，本质是商家各自的正外部性相互促进；地铁和公园对周边地产价值的提升作用，政府可以通过合理规划来善加利用，从而保护公共利益。

14. 排放的权利

与其他生产要素一样，社会追求的应该是以最小的污染，换取最大的经济进步。

人类应该如何看待污染？对此需要解释的是，我们并非要消灭污染，而是要将污染控制在合理的水平。为此不妨换一个角度看问题：将污染看成经济发展的一种投入。也就是说，为了发展经济，我们不仅投入了资本、劳动和其他资源，还投入了环境。于是与其他生产要素一样，社会追求的应该是以最小的污染，换取最大的经济进步。实现这一目标较为有效的办法，是先确定一个合适的污染总量，然后再将这个总量分配给那些能够实现以尽可能少的排放换取尽可能大的经济收益的企业。

如果承认上面的思路有道理的话，人们已经取得了思想上的重大跨越。在此之前，“环境”总被认为是一种公共物品，是不可私有化的。我们无法将大气私有化，然后每个人扛着属于自己的那一份空气呼吸。但现在我们认识到了，虽然空气不可私有化，但其使用权依然是可以明晰的。

这里必须要提到科斯定理。罗纳德·哈里·科斯是1991年诺贝尔经济学奖的获得者，他的主要学术贡献被称为“科斯定理”。其内容看似很简单：在交易费用为零的情况下，不管权利如何初始配置，当事人之间的谈判都会导致资源配置的帕雷托最优。其关键点有二：产权明晰与交易成本。

对于导致环境恶化的外部性，庇古开出的药方是环境税收和补贴。对此科斯指出，明晰产权也可以导致外部性的内部化。回到只有一家企业和一户居民的极度简化社会。企业排放的污染干扰了居民的生活。按科斯的观点，解决问题需明确排污权或免受污染权，然后为相应权利的自由交换创造条件，外部性可以得到消除。如果居民享有免受排污权，企业就不得不找居民商量如何解决他们之间的矛盾。可能的选择，是企业给居民以补偿。如果谈判中居民提出的补偿额度过高，则企业会倾向于选择污染的直接治理。反之，如果企业拥有排污权，居民就得通过与企业的谈判来寻求解决方案，或者是居民给予企业以污染治理补贴，或者忍受污染，乃至搬家离开。我们需要注意，在这一案例中，无论是何种情景，也无论是何种方案，都是双方谈判也就是交易的结果。而外部性的含义是某种价值被排除在了市场之外，由于上述结果都是交易的产物，因此，外部性也就消除了。但需要注意，这仅仅是从效率角度考虑，初始分配的公平问题并不能通过自由交换解决。

环境产权的实际应用始于 20 世纪 70 年代。二战后的经济快速增长导致了美国能源消费的相应增加，尤其是煤电的发展，使其大气污染趋于严重。至 60 年代，美国东北部的酸雨导致了该地区以及相邻的加拿大东南部大片森林遭受毒害。治理势在必行。这导致了 1970 年《清洁空气法案》的出台。在该法案架构下，美国环保署制定了大气环境标准和行动计划，并为企业规定了二氧化硫排放总量。但到了 70 年代中期，大多数州未能按计划实现规定的大气环境标准。问题的核心在于，实行污染物总量控制，就意味着环境容量已经被

承认为一种经济资源，具有了稀缺性。既然这是一种稀缺资源，就应该与其他生产要素一起，追求其优化配置。据此，自 1977 年开始，环保署出台了相关鼓励企业优化配置排污权的政策。一是补偿政策，针对的是那些污染治理未能达标的地区。这些地区的相关企业如果新建或扩建污染源的要求得到批准，就必须从其他污染源那里购买到排污减少信用，方可运行产生污染的设施。二是泡泡政策，允许一个拥有诸多污染源的主体能够使用其中的某些污染源减排产生的污染减少信用来履行另一些污染源的减排义务。典型的就是一家拥有若干燃煤锅炉的工厂，为实现其减排义务，选择对其中的一座进行改造，由此产生的减排信用则用于所有锅炉的减排义务。三是净得政策，意味着一家工厂要新建扩建污染源时，如果并不因此导致排放总量的增加，则可以不作为新污染源对待。这意味着工厂可以通过对旧污染源的治理来获得新污染源的建设许可。四是银行政策，允许企业将通过治理获得的减排信用储蓄起来，以用于未来产能的扩张或期望以更高的价格售出。

以上政策共同构成了一种初步的排污权交易体系，

有效缓解了各地环境保护与经济发展的矛盾。在此基础上，美国国会于 1990 年通过了《清洁空气法案》修正案，明确认可了可交易排污权这一制度创新。二氧化硫排污权于 1992 和 1993 年分别于芝加哥商交所和纽约证交所上市。至此，美国二氧化硫排污权及其交易体系基本完善。

从全球看，除美国的二氧化硫排放权交易体系外，另一相对成功的排放许可交易体系是欧盟的碳排放交易体系。欧洲碳交易市场于 2005 年开始运行，欧盟的 28 个国家参与其中。2010 年，该市场成交 1 198 亿美元，占全球碳交易成交额的 84%。欧盟多数国家小国寡民，其排放总量和可交易量都不大。如果每个国家都建立自己的市场，规模过小会导致制度、监管、信息成本过高。在欧洲范围内建立单一市场，制定统一的配额发放规则、交易制度和监管审核体系，有效降低了交易成本，这是该市场取得成功的基本原因。除上述两个市场外，其他规模较小的市场，尤其是流域水污染权的市场，就很难找到成功的案例。说明排污权市场在效率上要成功，应该具备以下这样几个条件。

一是市场的规模。美国二氧化硫市场是全国性的，需求者众，交易量大，从而能够有效摊薄市场运行成本。而流域排污权则不然，其流动必然要受到严格的地域限制。例如，不能让密西西比河流域的排污权流向科罗拉多河。甚至在一个很小的区域内，流动也会受到限制，如不能让排污权向水源保护区或其他类型的保护区转移。这就意味着，流域排污权市场是高度分割的，由此会导致其不会享受到规模收益。

二是交易主体的规模。二氧化硫排污许可的交易主体基本上是火电企业，每个企业对排污许可的需求量、实际拥有量和结余量都较大。这就意味着在平均水平上，其单笔交易或单位排污许可的交易成本较小。相比之下，水污染物排放许可的需求在企业间差距很大，多数企业对某种排放许可的需求并不大，导致了交易成本的升高。

三是许可管理、审核和监管成本的差异。燃煤发电的煤炭消耗量大，在煤炭品种给定或含硫量给定、设施设备给定的情况下，其监管和审核难度相对较小。而流域排污许可则不然。即便是排放量最大、也是最为普通的水体污染物 COD，实现有效监管也非易事。原因是污染源极为多样化。而所谓 COD 也不是一种污染物，而是一大类污染物的总称。此 COD 非彼 COD，由此在管理上会造成极大的成本。

15. 源头与末端

末端治理与源头治理共同构成了一个社会完整的环境治理体系。两者互为补充，不可或缺。

讲到环境保护特别是污染控制，人们习惯性地就会想到污水处理厂这样的设施。甚至官方在涉及环保产业的场合，提及的也多为“水气声渣”污染的处理设施设备。其共同特点，是出了问题再予以应对的思路，这在环境保护上被称为“末端治理”。长期以来，这一治理方式是我国环境保护的主流。政府及其相关部门如同堵枪眼一般行动在所有环境出了问题的领域。企业的污水和废弃必须达标排放，因此政府督促企业建设相应设施，并对其运行进行监管；城市生活污水必须经过处理，于是上级要求下级政府建立污水处理厂。更广泛一些，水土流失了，于是开展小流域治理；沙漠化过程加剧了，于是建设防护林。

与之相对应的治理模式是“源头治理”。这种思路要求治理于未然，将出了问题再去治理，前移至防止问题的出现。为了防止污染物排放，企业改进工艺，使生产过程不产生相应污染。为了避免有毒有害污染物，可以使产品无害化。一个典型的案例就是干电池的无汞化。过去的干电池由于含汞等有害物，是必须作为有毒有害废弃物专项回收处理的典型案例。但自 2006 年后，随着国家《关于限制电池产品汞含量的规定》的落实，我国已全面禁止销售含汞量大于电池重量 0.000 1% 的碱性锌锰电池。目前市面上销售的基本属于“无汞电池”。由于干电池已“无汞化”，已消除了电池中有毒重金属的危害，废弃干电池也降格为一种普通的废弃物。

更广义地说，一切有助于降低能耗物耗、减少污染排放的生产活动和生活方式都可以视为源头治理。通过优化企业管理和生产组织减少浪费、降低残次品率、减少跑冒滴漏，是相当有效的源头治理。减少大吃大喝，倡导健康的生活方式，也能从许多方面取得保护环境的效果。调整产业结构，淘汰落后产能，推

动发展方式转型，是区域环境形势从根本上好转的必要条件。优化产业空间布局，改善城市交通体系，提高物流效率，消除城市交通拥堵，则是减少交通污染的基本思路。坚持推动技术进步，走出微笑曲线底部，实现和提高品牌价值，争取以尽可能少的能耗物耗和污染排放换取更高的价值，从长远看则是最为重要的源头治理之路。

末端治理与源头治理共同构成了一个社会完整的环境治理体系。两者互为补充，不可或缺。末端治理的作用是防御，阻止各种环境滥用行为对自然与社会的侵害。而源头治理的作用是进取，以资源节约和环境友好为立场，向社会经济生活的优化索取环境效益，用绿色环保的理念、技术和方法主动向所有经济领域渗透。目标是环境与经济的双赢。

不难发现，末端治理与源头治理的一个重大区别在于推进方式。一般而言，末端治理目标更为具体，更容易通过规划、计划、项目和工程落实。相关的法律和监管更具有针对性。由于这些特点，末端治理可相对容易地分解给相关政府部门。上级政府部门确定了治理目标后，进一步向地方政府分解落实也相对容易。较为典型的案例是节能减排。节能和主要污染物减排目标由国家发改委制定，然后按条与块分解给央企和省市。下一级发改委按照同样模式分解，最终落实到所有相关主体。但源头治理则非如此，其理念渗透于一切经济活动。任何人都有资源节约的空间，任何经济活动都可能不断地变得更为环境友好。于是源头治理可以有方向，但难以为经济活动制定明确的具体目标；其具有强大的渗透力，但正因为如此，其边界又是难以确定的。这就导致政府很难用末端治理的方式来推动源头治理。政府可以要求一家企业安装污水处理设施，但不能要求企业为了保护环境而全面更新其生产工艺；可以要求产品不含某些物质，但不能要求企业必须使用哪些原料。很显然，对于政府而言，源头治理缺乏抓手，所以更多的是倡导。

由此会形成一种惯性，使政府部门乃至全社会患上对项目和工程的依赖症，而忽视了广大领域中对环境有利的各种进步，而将环保仅仅理解为各种各样工程的堆砌。一个很有说服力的案例是太湖流域的治

理。经过了约 20 年的努力，太湖水系的水质恶化趋势已经得到遏制，许多河段甚至出现了好转，但从整体上看，水系水质的可持续改善尚待时日。已经取得的成就固然可喜，但不得不看到，这些成果主要是大规模的治理投入所致。苏南的许多乡镇甚至拥有多个污水处理厂，可谓不遗余力，不计成本。但另一方面，我们看不到真正从源头抓起的举措。例如，流域缺乏从水环境治理出发对地区社会经济的要求：现有的城镇体系的哪些特点是不利于水环境治理的？该如何在新型城镇化进程中加以纠正？从流域整体看，某些制造业部门是否规模过大，从而是否有削减的必要？对于劳动密集型产业导致大规模外来人口的流入，是否存在人口密度过大的问题，该如何应对？从涵养水资源和净化水环境的能力培育出发，应该怎样调整人口与产业的空间布局？

总之，忘记源头治理会使环境治理的成本增加，乃至变得不可持续。有效地推动环境治理，源头和末端应该形成一种相互促进的关系。严格的末端治理，特别是严格监管执法，可以使落后企业和污染企业难以通过污染获取额外利益，甚至变得难以生存。于是，这些企业要么被淘汰，要么被迫走上通过技术进步和产业升级减少污染的道路，这就推动了源头治理。反过来，源头治理旨在经济环境双赢，进而会降低末端治理的难度。

16. 热岛与气候变暖

由热岛效应的成因可知，其缓解的路径中，首先最重要的就是尽可能地少用能源，进而少排放废热。

气候变化是一个过度热闹的领域。美国遭遇百年未遇的暖冬，人们说这是全球变暖的结果；美国遭遇百年未遇的严寒，人们又说这是气候变暖引起的。笔者无意质疑专家们的断言，只是想指出，“气候变化是个筐，什么都往里面装”如果成为一种思维定式，对生态环境的保护未必就是有利的。

当我们谈论全球气候变化的时候，指的是温室效应引起的全球升温，又由于这种升温的不均衡性和大气动能的增加，导致极端气候的概率上升。这一问题引起了全球的密切关注。但需要指出的是，我们之所以感到春天的短暂和夏日的漫长，之所以在夏天遭遇如此多的极端高温天气，温室效应只是可能的原因之一。冯京的背后站着马凉，热岛效应其实是更为直接的因素。

所谓热岛效应，指的是由于人为原因，改变了城市地表温度、湿度、空气对流等因素，进而引起城市小气候变化的现象。其原因有三。一是城市如水泥森林般的建筑群、柏油路和水泥路面与农村相比，更能够吸热和升温，从而使城市地区能够更快升温，并向四周辐射。在三十五六度的高温天，水泥路面是可以煮熟鸡蛋的。毕竟城市多数地表为水泥覆盖，意味着大部分地面都成了辐射源，我们如何不成为“热锅上的蚂蚁”？二是城市使用了较周边地区更多的能源，从而形成了更多的热源，包括工业、交通、公共建筑和居民住宅。城市在不停地运行，其方方面面就在源源不断地消耗能源并产生废热。试想在高温天里，城市大小街道挤满了蜗牛般爬行的汽车，每一辆汽车都因空调的运行而向外喷吐着热气，这气温如何会不高？三是城区的大气污染，更高浓度的气溶胶微粒为城市盖上了厚厚的“棉被”，为城市保温。三项因素的叠加，使城市的温度显著高于周边农村地区，故称之为“热岛”。上海观测到的最大热岛强度历史数据达 6℃以上。也就是说，如果我们获得的城市气温是 0 度，或许在郊区某个最冷的角落居然是零下六度。在夏天，31 度的天气也许使很多人感到舒服，但加上热岛给我们带来的额外热量，也许就成为高温天了。

如果退回去 30 年，地理书会告诉我们，长江流域有“三大火炉”，分别是重庆、武汉和南京。上海由于东临大海，“火炉”美誉与之无关。但就在这 30 年里，上海的人口从不足千万上升至 2 400 万，城市建设面积从 600 平方公里增加至 3 000 平方公里，能源消费则从约 1 000 万吨标准煤上升至 2.2 亿吨。伴随着这翻天覆地的变化，上海不仅加入了“火炉”的队列，而且名列前茅。传统三大火炉近年来极端高温的记录与上海相比，后者已不落下风。令人感到，这是一则加强版的“温水煮青蛙”，锅子里的上海人自己在不停地向灶膛里添加柴火。越来越多的空调、汽车、电器和机器使上海愈加热气腾腾。其他城市也同样如此。

于是，这就产生了一个问题。我们面临的暖冬、短春和酷暑，究竟是温室效应的产物，还是热岛效应的结果，抑或是两者的叠加？笔者相信后者。但由此引发的问题是，我们应该认真地将这两者的作用区分开。温室是温室，热岛是热岛，别将冯京与马凉当作一回事。我们遗憾地看到，实践中有将这两者混淆的倾向：不管发生了什么，全球气候变化似乎都是最好的替罪羊。而实际情况是，以热岛效应来解释徐家汇的今天与 30 年前的差别，似乎更有说服力。

那么，为什么要如此较真，非要将这两种效应区分开来？最重要的理由来自生态保护的实践。全球气候变化是大尺度的，要求世界各国的协同努力，而且有很强的不确定性。过去一些年里，围绕二氧化碳减排，各个国家利益集团之间举行了没完没了的谈判。经验已经告诉我们采取全球一致行动的艰难。政治家和专家们挥洒口水所取得的，只是一地鸡毛。同时，即便在减排上取得成效，由此对气候的影响也是不可知的。而热岛效应是小尺度的，是一座城市自己的事情。甚至一个城市内部的社区如果认真对待，也能够取得一定效果。

由热岛效应的成因可知，其缓解的路径中，首先最重要的就是尽可能地少用能源，进而少排放废热。措施

包括削减过剩的高耗能产能并淘汰落后产业；推进楼宇节能改造并通过合理的能源管理降低各类楼宇的能耗；排堵保畅，发展公共交通并鼓励人们尽可能少使用私家车；以及养成合理的生活方式，节约生活用能。其次是缓解或降低柏油和水泥地面的暴露面积，增加绿化尤其是林荫在城市的比重；遏制城市的过度扩张，保护农村，并在空间上优化乡村与城市组团的关系。最后是有效控制大气污染。其中最重要的问题，还是如何选择我们的生活方式。中国，尤其东南沿海人口稠密，基数庞大，所以会出现一大批数百万乃至千万以上人口规模的城市乃至城市群。选择一种既能够给人民带来繁荣、安全和便利的生活，同时又资源节约而环境友好的生活方式，对有效应对热岛效应有着决定性的意义。

不难发现，遏制热岛效应的多数措施同时也有利于缓解温室效应。热岛效应的强弱决定于我们自己，每个城市都能够脚踏实地地应对，全球气候变化的态势才可能实质性地缓解。所以，与其关注国际气候政治的口水仗，还不如实实在在地向我们身边的热岛宣战。

17. 当气候遭遇发展

面对全球气候变化，科学的应对态度应是理性分析由此带来的利弊得失，然后才谈得上兴利除弊。

气候变化是一个颇有意思的领域。之所以如此说，是因为其中有一些很值得深入研究的问题。甚至包括气候是否变暖，质疑之声也从未停息过。对此我们姑且不论，即便在变暖假定的前提下，现有主流观点也颇有玩味之处。例如，所谓气温增加两度或诸如此类便不可逆之说是高度可疑的，因为白垩纪全球气温高于现在四度，我们如何理解此后的降温？北京猿人生活的时代，燕山脚下是有大象的。甚至河南的“豫”也说明我国文明早期这一代有大象的存在。在另一个极端，冰川期可以冷到台湾海峡被封冻。但无论哪种极端，地球气候后来都向反方向回归了，表明地球有着强大的自我调节能

力。于是问题就来了，凭什么说气温上升两度后就不可逆？事实上，人类对地球史上气候波动的认识还只能说是一知半解，我们根本说不清楚冰川期缘何而来，又为何而去。

又如，气候变暖对人类究竟有害还是有利，抑或利弊并存？对此，以联合国为代表的主流观点认为是有害的，给人的印象似乎有百害而无一利。这种倾向性的宣传显然缺乏科学精神。翻阅人类历史，不难发现气候变冷给人类带来的灾难更为严重。相当于明朝后期的小冰河期巅峰，给欧亚大陆带来何等深重的苦难。相反，盛唐的气候是比较温暖的，证据是陕西关中的大量存在的茶叶和竹林。所以，面对全球气候变化，科学的应对态度应是理性分析由此带来的利弊得失，然后才谈得上兴利除弊。

之所以出现这种倾向，并非气候科学自身的责任，而是气候问题政治化了。简单地说，是发达国家希望在气候这个舞台上，所有国家按照其确定的节拍跳舞。由此不禁令人想起 1972 年联合国在斯德哥尔摩召开的人类环境大会。其议题是讨论二战后世界高速经济增长导致的日益突出的全球环境问题。其实质性结果是导致了联合国环境与规划署（UNEP）的诞生，也推动各国成立了政府的环境保护机构。但大会更引人注目的是激烈的南北争论。发达国家强调环境问题的紧迫性，要求全球一致地采取保护行动。而发展中国家则在同意保护环境的同时，强调不能因此牺牲自身的发展。

以此为起点，世界环境保护史上的南北争论几乎是一种常态。越到后来，分歧的焦点也就越聚焦于气候问题，2008 年的哥本哈根气候大会则使这种争议达到了高潮。一方面，一些发达国家试图主导会议议程，将会议大肆渲染为“拯救地球的最后机会”，要求发展中国家承担强制性减排责任。另一方面，发展中国家，尤其是经济增长速度较快的发展中大国则明确坚持自己的发展权，在此前提下才愿意承担相应的义务。其中的分歧来自三个相互关联的方面。

其一，是减排，尤其是排放总量的限制可能对发展中国家的经济发展产生负面影响。发达国家的能源消费水平大致是两个台阶。一是美国、澳大利亚、加拿大等地域广大或高纬度国家，其人均能源消费在 8 吨标油左

右。二是日本、英国、德国这样的国家，人均消费水平在4吨标油或以下。那么，发展中国家最终的能源消费水平应该是多少。要知道，当今多数发展中国家，甚至包括印度这样的“金砖”国家，人均能源消费水平都在1吨以下。让这些国家停滞于很低的能源消费水平，显然是不公正的。

其二，有一种观点会认为，发展中国家可以通过大量使用新能源，如风电、光电、水电和核能来避免碳排放与能源消费水平的同步提升。这就产生了第二个问题。所有新能源与煤炭相比价格都比较高，于是就产生了逼着穷人用高价能源的现象。这对于欠发达国家的人们而言，是否有欠公平，是否会妨碍其生活水平的提高，是否会阻碍其前进的步伐，对此至少是值得警惕的。同时，几乎所有可以替代煤炭的低碳能源都需要庞大的投资，而这对于资本积累水平甚低的绝大多数发展中国家而言，都是极为困难的。发展中国家因此要求发达国家给予资金上的支持，而后者的慷慨程度几乎不值一提。

其三，还有个问题是低碳能源技术的共享或转移。

这也是南北尖锐对立的焦点之一。如果发达国家真的如其表面那样忧虑这个世界的前途，担心地球升温会导致灾难性的后果，那么，让国际社会共享各种低碳技术就是最可能力挽狂澜的措施。但京都议定书以来的经验告诉人们，这可能比与虎谋皮要困难得多。一种不那么善意但可能接近事实的猜测是，发达国家致力于追求的局面，是让发展中国家人民一面享受着昂贵的清洁能源，一面为每一度清洁电力向发达国家缴纳专利费。

对于作为发展中国家的中国来说，处理好气候保护和发展的关系要注意两个方面。其一，作为一个负责任的大国，中国必须有自己的担当。无论如何，人类对地球气候系统的干扰是客观存在的。且即便气候变化是可逆的，我们过度消耗能源和过度排放的行为也缺乏正当性。因此，中国应该积极推进碳减排。其二，新能源是一个国家的未来，是极为重要的核心竞争力，必须以极强的耐心和坚韧，坚持对该领域的投入和研发，必须追求成体系的自主知识产权。幸运的是，经过了几十年的高速经济发展，中国已经拥有了强大的投资能力和科技实力，从而有这个实力去追求碳减排和发展的双赢。

18. 低碳经济的价格

当我们遇到那些价格昂贵的“低碳产品”时，不能稀里糊涂地陷入“只买贵的，不买对的”境地，而是要认真地分析其全生命周期的经济成本和碳损益，才能做出合理的选择。

如果“温室效应引起全球变暖，而碳排放导致温室效应”这样一条逻辑链是完整的，最有效的应对策略就是减少碳排放。其实，即便该逻辑链并不完整，碳减排也具有很强的正当性。因为人类没有理由大肆挥霍地球在漫长的地质年代中积累下来的自然财富。于是低碳经济势在必行。

所谓低碳经济，意味着人类减少对碳基能源的依赖。主要路径有两条。一是发展各类低碳的新能源或替代能源。光伏和风力发电的潜力众所周知。核能和水电是常规能源中的清洁能源。与煤炭相比，天然气较为清洁。但煤炭的清洁化利用，如百万千瓦超超临界电力机组可以使燃煤的排放甚至低于天然气，所以也是清洁能源。二是提高能效。我国的低碳经济面临的主要挑战，是难以摆脱以煤为主的能源格局。在此条件下，能效的提高可以说是最为直接的低碳路径。但是需要注意，提高能效不仅仅是淘汰老旧设备设施、节约每一滴水每一度电，更广义的，是鼓励企业拥有自主核心技术，提高品牌价值等，这可能是更有效的能效提高路径。

无论是哪一条路，都可以视为一种新的技术体系对旧的高碳技术体系的替代。这种替代是需要成本的，于是就要考虑收益。低碳经济的成本收益关系可以分两种。一是经济上的损益，二是碳排放上的得失。前者容易理解，后者原理上虽然一致，但不为人们熟悉。

一个最简单的案例是风光互补路灯。媒体上宣传某地大力发展低碳经济时，进入画面最多的就是风力发电机组、光伏电站或这类路灯。风光互补路灯意味着一盏路灯就是一套相当复杂的系统，包括一套光伏发电装置、一套风力发电装置和相应的储电装置。所以与普通

的路灯相比，其价格必然较贵。同时，系统的复杂意味着其制造和装配过程需要消耗更多的能源，留下了更多的碳足迹。我们将这种制造过程中导致的比普通路灯多排放的碳视为“碳投入”，并可以摊薄到这套路灯系统的使用寿命中。同样需要列入投入部分的还应该包括系统日常维护的消耗。然后，在其使用过程中减少的碳排放视为“碳收益”。如果在其使用过程中，实现的减排量超过了系统制造、建设和维护中的碳排放，就意味着该系统是货真价实的低碳，否则就是“伪低碳”了。

假如有这样一条街道全部更换上了风光互补路灯系统。这一决策是否真的低碳，取决于一系列因素。首先是该系统的质量。如果质量低、寿命短，部件要时常更换，那就不可能是低碳的。其次是要避免折腾。如果系统安装了没多少时间，又被拆了重建，甚至换上“更先进的”系统了，那也必然是高碳的。最后，区位和基础设施条件会有重大影响。在大工业产物的电力基础设施完备的城市，一盏灯自给自足的能源模式显得过于“小农经济”，与大规模生产相比，通常效率低下，极有可能因此是高碳的。但是，如果是深山、大漠、海岛、荒原，那些人烟稀少的地方，将常规电力设施铺设进去，不仅经济上成本很高，且必定是高碳的。这时独立的可再生能源系统会是更为适宜的。这就意味着，因地制宜才是低碳的。

从这个案例中不难发现，低碳与经济成本的适宜性在大方向上是一致的。一般而言，较为昂贵的东西，其生产过程消耗的劳动和资源也可能较多，其碳足迹也有较多的积累。在多数场合，较贵的东西相比其替代物，也会是高碳的。至少，当我们遇到那些价格昂贵的“低碳产品”时，不能稀里糊涂地陷入“只买贵的，不买对的”境地，而是要认真地分析其全生命周期的经济成本和碳损益，才能做出合理的选择。

但是有两种情况需要注意。一是某种低碳产品之所以昂贵，主要原因是其市场占有率过低。消费者习惯于购买传统产品，导致低碳的新产品占有的市场份额严重不足。而工业化生产是要追求规模经济的。规模过小则成本上升。对此，社会需要通过种种途径，扩大人们对相关产品的认知。但更为有效地扩大其市场份额的方法

是政府采购。在现代社会，公共开支在社会总消费中的比重越来越大。所以，如果一种低碳产品需要通过扩大生产规模来获得价格上的竞争力，政府采购是最为有效的路径。

二是那些因技术未成熟而价格昂贵的产品。20 世纪 80 年代风电技术未成熟的时候，其发电成本大约是常规电力的 15 倍左右。对于这种远未成熟而又具有战略价值的技术，应该坚持研发为主的原则。一方面，急于推广意味着让老百姓或生产者使用高价能源，实质上相当于施加能源税。而另一方面，新能源是一个国家的未来，是民族的核心利益，必须坚持强度足够的投入，从而让那些有希望成为未来主体能源的成本不断下降。欧盟在京都议定书生效后的做法值得思考。其政策体系大致是三个方面。其一，给予新能源的生产和消费以一定补贴，其中又以消费补贴为主。原因是末端补贴能够拉动整条产业链的技术成长。其二，强制性地要求电力企业生产一定比例的绿色电力。其三，为绿色电力颁发证书，并为有证书的让渡构建市场。那些在绿色电力生产上不具有技术优势的企业因此会在市场上购买绿色电力证书，以履行其承担的强制性责任。由此，这又对那些相对拥有技术优势的企业构成了激励，使之愿意进一步投入。各项措施构成的整体，促进绿色能源技术不断前行。

19. 中国碳排放的面面观

在当前，节能减排，减少能源消费中的浪费，依然是减少碳排放的主渠道。

按联合国的评估，中国在 2006 年超越美国成为碳排放的世界老大。此后至 2013 年，碳排放总量继续扩张至美国与欧盟的总和。当了老大的结果是举世瞩目，我国的碳减排于是成了多年来世界气候政治舞台上的焦点。与此同时，我国的境遇俯仰之间已世殊事异。刚进入新世纪的时候，我们的能耗和碳排放虽然上升很快，但人均量还显著低于世界平均水平。而在当前，短短的十多年之后，我国的人均能耗已跃居世界人均线之上，碳排放更已超过欧盟的人均量。如此短的时间内在一个人口规模最大的国家发生如此巨变，不仅全世界会审视不已，即便是我们自己也应该获得清醒的认知。

文明的高度与能源紧密相关。进一步细分，则是人类驾驭的能源数量和能源的利用效率。也就是说，利用更多的能源，更有效地利用能源，决定了我们的文明到达的高度。因此，只要我们追求国家更加繁荣富强，人民更加幸福安康，中国的能源消费水平就必须继续提升。这是无需讨论的前提，然后才是低碳道路的选择。

一个很容易注意到的事实是，中国的人均能源消费与碳排放水平并不对应。之于前者，我国还只是超过了世界人均水平，而碳排放则已追上了欧洲发达国家。究其原因，主要是能源结构的差别。一句笑话是“上帝不是中国籍的”，因为他让中国人用煤。其他更为优质清洁的能源都只能用“匮乏”二字形容。至少在可以预见的将来，煤炭作为我国能源结构主体的地位不可撼动。与天然气相比，同样产生 10 000 千卡的热量，燃煤排放的二氧化碳是前者的 2.27 倍。这就意味着煤炭在能源消费结构中占 70% 的中国与占 14% 的欧盟国家相比，获得同样的能源服务需要付出高一倍的二氧化碳排放。所以，中国的高排放很大程度上不是因为在能源消费上大手大脚，而是资源禀赋的缺陷所致。

于是，这就产生了一个很自然的问题：中国能否

与欧盟一样实行能源的升级换代？对此，如果仅仅从技术上看，这一策略是可行的。当前较为成熟的替代能源包括水电、风电、核电和天然气，以及煤炭的清洁化利用。虽然它们的成本总体上高于煤电，但已进入可承受的范围内。法国80%的电力来自核电，其他欧盟国家则是几种较为清洁的替代能源综合构成了其能源主体，说明中国也是可以仿效这些国家的。但这条道路会存在两个问题。一是能源升级所需要的投入巨大。一座核电站几百亿元，一座百万千万超超临界发电机组几十亿元，风电机组不仅自身需要较大投入，还要求电网进行耗资巨大的投入。据此估计，仅江浙沪地区完成全面能源升级的资金就是数万亿级别的。二是我国的天然气和铀矿储量都不丰富，可以说是贫气、贫铀、贫油国。其中，我国铀矿的理论储量很大，但探明储量甚小，因此需要足够的时间和资金投入，才能逐步满足市场需求。如果能源升级的步伐过快过激，导致对国际市场的依赖过甚，很可能会重复过去在铁矿石市场上被人掐脖子的故事。

所以，在能源升级问题上，我们不能犯“大跃进”

的老毛病，更不能屈从于外来压力，将能源的低碳革命儿戏化为贵族化的游戏。在当前，节能减排，减少能源消费中的浪费，依然是减少碳排放的主渠道。这里所讲的浪费，我们且定义为能源的消费最终未能给人民的福利带来提升的部分。

从这一意义上讲，我国最大的浪费是那些建设泡沫。当一座建筑建成后无人使用或使用率过低，就可以认为是一种浪费。按这一标准，各地大量的新城人气散淡，甚至成为空城鬼城，与之相关的能源就可以认为是被浪费了。这种浪费又分为两部分。一是建设所消耗的能源。其中不仅包括建设过程中的动力消耗，更重要的还是使用的建筑材料中包含的“能源足迹”。也就是说，建筑所用的钢铁、水泥、塑料、铝材、玻璃等在其原料开采、制造、运输诸环节能源消耗的总和。二是建成后设施运行的能源消费。即便是一座空城，晚间也需照明、绿化，也需营造管护、公交必须正常行驶，能源、给排水、燃气等基础设施必须按照规划人口建设。所有这一切都是高耗能的，其背后的碳排放因此是无效率的。遗憾的是，这种浪费型的碳排放虽然极为严重，但在我国却难以获得承认。

对上述建设泡沫，也常有人以“超前”为理由加以辩护。我们不应否认适度超前的必要性。但适度超前与过度超前之间应该确定某种界限。须知任何基础设施和建筑都是有寿命的。一栋住宅假定设计使用寿命是 70 年，也许 5 年之内的闲置可以接受，但如果 10 年无人问津，就意味着其建设总能耗中的七分之一是被浪费的。类似的，一座机场在一段较长时期内实际客运量只有其设计能力的五分之一，就意味着其生命周期中的这一段包含的“碳足迹”是白排放了。

由此也不难理解，社会公平对抑制碳排放会产生积极的作用。仍以住房为例。我国大陆城镇人口的人均住房已经达到了欧洲水平，更远超中国香港地区、日本或中国台湾地区。但许多人无房，许多人拥有多套住房，还有大量住宅因无人购买而闲置，从而造成了奇特扭曲的资源配置。可以说，其中被扭曲的部分所对应的能源消费及其背后的碳排放也是被浪费的。为了满足那些无房和需要改善住房条件的人们的需求，我国的住房建设还会继续，并拉动更多的碳排放。

20. 城市交通，通向何方

为了从根本上控制住机动车的污染，我们不仅需要提高油品质量之类的技术措施，更需要从城市功能的改善着手。

近年来我国城市大气污染趋于严重，公认的首要原因固然是燃煤，而除此之外，就是机动车尾气的污染了。上了点年纪的上海市民都会感受到现在雾霾天的频繁。只要风小一点，城市的天空就总会或浓或淡地抹上一层烟雾。江南的雾，再也不是大自然的诗情画意，而成了一种公害。造成公害的，机动车排放起到了越来越重要的作用。

为控制机动车尾气污染，国家和诸多城市纷纷采取措施，重要的有提高油品标准、淘汰尾气未达标的车辆，以及重污染时的限行措施等。从长远看，政府还会大力推广各种类型的节能环保汽车，并发展轨道交通和

其他形式的大运量快捷公共交通。相信这些措施能够在一定程度上缓解城市交通污染，但何种程度上可以解决城市交通污染问题，还有待实践检验。毕竟我国的城市与欧美国家间存在很大差别。上海人口已达 2 400 万，北京也已超过了 2 000 万。未来我国这样的“巨型城市”还会有十多个。对于如此庞然大城，应该如何综合地解决其交通污染，世界上尚缺乏完善的方案。

我们似乎习惯了用技术或工程去应对各种挑战，但事实已证明，技术思路不仅能够解决问题，也能够创造问题。车多了修路，道路条件好了促使更多的人用车，路与车于是展开了没完没了的比赛。但我们很少思考，这场比赛的终点是怎样的情景。对于一座超过了 2 000 万人的巨型城市来说，它能否承担得了普及汽车带来的重压？即便油品标准得以提高，巨型的汽车城市真能因此享受更多的蓝天白云？

为了从根本上控制住机动车的污染，我们不仅需要提高油品质量之类的技术措施，更需要从城市功能的改善着手。通过城市功能的完善，降低市民对交通的需求。其中极为重要的问题，就是主城区与卫星城镇的关系。以上海为例，为了避免主城区“摊大饼”式的扩张，这些年规划建设了九座郊区新城。同时，为了推动保障房建设，又在郊区规划建设 21 个大型居住区，每个规模约在十几万到几十万人口。所有这些新城或“大居”的共同问题，就是缺乏就业功能。在北京，人们称之为“睡城”，意即只有睡觉的功能。于是，生活于其中的几百万居民的就业，多数还是在中心城区。日复一日，他们形成了浩荡的“钟摆人口”，摆动于睡城与主城之间。其中，轨交通勤者只占有限的部分，很多人出于种种原因，会选择私家车出行。

因此，推动产城融合，发展产业和居住有机结合的混合型社区，看似与治理交通污染无关，其实却是最重要的措施。顺便要指出的是，尽可能地让广大市民实现就近就业，更是增进人民福利的重要路径，因为谁也不希望自己是那每天往返长距离奔波的钟摆大军中的一员，不愿意每天将数小时耗费在拥挤的路上。如果不能做到这一点，远距离的新城显然还不如摊大饼的城市扩张方式更为有效。

通过改善城市功能，从而减少城市内部无效和低效的运动，降低交通需求，还有更多的路径。为了减少工作通勤，部分单位可以实行错时上班。上海作为长三角的核心城市，是整个长三角城市群通向世界的桥梁，因此近年来服务业突飞猛进。其中的某些行业或职位，如创意创作、规划、设计、律师，乃至许多咨询业，可以考虑实行弹性工作制。有条件的单位，甚至可以部分人员在家上班。发掘这方面的潜力，即使减少几十万人的交通需求，也是一种积极的贡献。

类似的，提高公共服务的运行效率，改善政府机构的服务质量，同样有降低交通需求的作用。行政审批环节的简化，政府办事流程的透明，切实改正扯皮推诿现象，减少民众和企业的往返奔波，同时也是为减轻交通污染做贡献。需要理解，多了一道无谓的手续，必然就多了一缕排放。如果是老百姓需要的日常公共服务，应尽可能布点于人们步行可达的范围。所有这些，既能让企业和居民得到实惠，也缓解了交通压力。

至于劳民伤财的检查评比，兴师动众的庆典活动，形式主义的交流访问，更应该少之又少。削文山、填会海，不仅有利于提高效率，节约开支，还有利于保护环境。总之，只有这些“软”措施到位了，结合公交优先和提升油品质量等措施，软硬兼施，城市交通带来的环境压力方能得到缓解。

更为宏观的层面上，城市发展的战略定位可能会起到决定性作用。以北京为例，其定位应该是什么？曾经它是要做工业中心和经济中心的。各种产业都要的结果就是导致了这座城市的恶性膨胀，环线修到了六环，但无论怎么修都解决不了交通拥堵问题。近年来中央推进的“首都功能疏解”就是认识到了这一问题。上海也存在类似的困局。以前其目标是四个中心，其实就是一座城市可能的功能都不放弃。而对标其他国际大都市，就知道这样的目标未必合理。中心城市的核心功能是为周边城市群服务，并通过这种服务获得自身的发展空间。所以，传统的劳动密集型产业，以及那些用地用人规模很大但利润却很薄的代工企业，是无必要存在于上海的。可以设想，放弃掉一些产业，主动淘汰掉那些低端、污染、落后的企业，并促进地区间产业的梯度转移，上海千万级的打工人口完全有可能向外转移一部分。交通的压力会随之减轻。

同样的道理也适合各省会城市。但值得注意的是，不少城市政府还雄心勃勃地计划做大自己的城市，甚至越大越好，就令人啼笑皆非了。

21. 谈脱钩

脱钩并非非此即彼的过程，而是表现为一种连续的谱系。

脱钩，意味着原本存在着密切关系的两种事物，其关系逐渐疏离，甚至不再相关。长期以来，经济发展与环境退化在人们的心目中是挂钩的。从各种报道、报告乃至学术文献中常常可以看到“随着经济的发展”或“随着城市化进程”，于是环境、国土或其他资源就如何了。这就是“挂钩”，意味着经济越发展，环境就越恶化。这样的发展是不可持续的。所以在可持续发展领域，一个基本问题就是如何处理好环境与发展的关系，核心是如何实现经济发展与资源环境要素之间的脱钩。

所谓脱钩，指的是经济发展与资源环境退化的关系不再紧密，甚至不相关。需要注意的是，脱钩并非非此即彼的过程，而是表现为一种连续的谱系。从完全的同

步，到关系逐步松弛，到两者间的不相关，乃至南辕北辙，都可以归入脱钩范畴。于是又可以区分为相对脱钩与绝对脱钩。所谓相对脱钩，意味着以较低的资源环境消耗的增长换取较高的经济增长速度。其典型案例就是我国，在过去几十年里，单位 GDP 能耗和水耗的不断下降，单位产品的污染排放不断减少，取得了举世公认的成就。绝对脱钩指的是经济增长不带来资源环境消耗的增加。典型案例是 1973 年中东石油危机以后至 20 世纪 80 年代，日本在能源消费持平的条件下实现的 GDP 翻番。但还是要指出，绝对脱钩和相对脱钩之间并不存在非此即彼的界限，前者的弱化就是后者，后者的强化便是前者。

资源环境是一个非常宽泛的概念，所以脱钩还可以不断细化到具体领域。例如，经济发展与能源消费间的脱钩；与土地消费之间的脱钩；与碳排放和各类污染排放间的脱钩等。类似的，也可以将脱钩概念应用于具体的经济部门，如交通、建筑、工业等。各种具体领域的脱钩可能并行不悖，如节能与碳减排之关系密切；但也有可能相互抵触，例如为了节约土地，建筑可以上天入地，但高层建筑必然导致运行能耗的增加。

实现脱钩的原因很多。一是能源升级。由于各种能源自然禀赋有所不同，同等标准量的不同能源热值利用程度是不同的，因此产出同样单位的 GDP，如果使用的能源品种不同，则消耗的能源量也会不同。例如，原煤和天然气分别用来发电，产出同样价值的电，因原煤发电效率比天然气低，发电损耗比天然气高，所以用原煤发电消耗的能源量要比天然气高。因此，各种能源占能源消费比重的高低能够影响单位 GDP 能耗的大小。一个社会转向使用更多的优质能源、清洁能源，其经济发展与能源消费、碳排放和多种污染排放的关系就会出现脱钩。

二是技术进步。粗放型经济增长方式主要依靠增加生产要素投入来扩大生产规模，实现经济增长。集约型经济增长方式则主要依靠科技进步和提高劳动者的素质等来增加产品的数量和提高产品的质量，推动经济增长。以粗放型经济增长方式实现的经济增长，相比于集约型经济增长方式，能源消耗较高，单位 GDP 能耗相对较大。而一切真正的科技进步都会包含着能源和其他

资源利用效率的提高，同时因此也能够降低相应的排放。更广义一些，较好的设计、管理、组织，以及更高的品牌价值等，都能够推进脱钩。

但需要注意的是，即便在投资驱动或粗放的增长模式下，相对脱钩也是会发生的。原因是最新引入的生产线、工艺、设备和专利无论如何会比那些已经陈旧的生产力更为环境友好和资源节约。但是，如果一个社会过度依赖这种模式，其自身的创新能力不足，则这种通过购买而发生的资源利用效率改善是不可持续的。

三是结构调整的效应。随着一个社会的经济结构中重化工业比重下降，服务业比重上升，由于轻工业和服务业的资源消耗和污染排放显著低于重化工业，这种结构的调整能够产生明显的脱钩效应。

一般而言，上述三种过程会在不同程度上发生于人类社会。所以除非是那些陷入混乱和停滞的“失败国家”，脱钩过程会是普遍的现象。但要实现发展与环境关系的和谐，脱钩的幅度就不能太小。历史上，发展与资源环境关系发生绝对脱钩的也并不少见，通常是两种情况。一是进入后工业化的国家，经济增长速度相当缓慢，并且主要依靠技术进步和产业升级为动力，会有很大可能发生经济增长的同时资源消耗缓慢下降或停止上升。二是一个国家原先处于快速而粗放的增长阶段，在一系列因素的推动下增长方式发生迅速转型。典型的就是 1973 年后的日本。其原先的经济相当粗放，但受到石油价格一年内翻两番的冲击，经济增速受到强烈遏制的同时，技术进步，尤其是节能技术如涌泉般地喷发，从而导致了革命性的脱钩现象。

除上述经济增长与资源环境的脱钩外，还存在一种重要的脱钩现象，即发展与增长的脱钩。其含义是以较低的增长速度，更好地实现社会福利水平的提高、人的发展、技术进步。这种脱钩的实现路径有两条。一是增长中的浪费和资源错置减少。我们知道，GDP 中是有不健康成分的，典型的如豆腐渣工程，又如那种对人民福利没什么用处的政绩工程，那种建了拆，拆了建的折腾。如果尽可能减少这些无用的成分，而将资源更有效地配置于对综合国力和人民福利有利的方向，就能够实现这种脱钩。二是政治清明和社会公平，以及以尽可能少的资源消费实现更广大人民群众的福利提高。

22. 奢侈者没有谈论绿色的资格

无论技术如何发展，也不应该成为奢侈和放纵的理由。

三十多年在漫长的历史中只是一瞬间，但过去的三十多年带给我们的，却是沧海桑田般的感觉。一方面，我们获得了以前不能想象的物质享受，而另一方面，大自然中许多值得珍惜的东西却正在离我们远去。笔者小时候在长江里游泳，调皮的江豚们会在不远处戏水，个别捣蛋鬼甚至会窜至我们的面前。那时上至金沙江，下至长江口，时而可见庞大的中华鲟的踪迹。曾看过一篇故事，讲一位老渔夫凭着一叶扁舟跟这样一条上千斤的大家伙搏斗的经历。不知不觉地，越来越多的自然之物告别了我们，甚至是那些最为普通的事物。过去的春天，小河和水塘里小蝌蚪会告诉我们什么叫“浩浩荡荡”，而今天则是一片沉寂。曾经夏日的晚上，萤火虫是孩子们最好的玩伴。在有的山坳里小溪旁，漫天的萤火虫甚至会给人与皓月争辉的感觉。但如今，不知孩子们去何处才能看到这般风景。昔日的初秋，“稻花香里说丰年，听取蛙声一片”。而现今，蛙鼓已离我们远去。

这不是简单的怀旧，而是想追问，物质生活的富裕与乡野的风情，工业化与生态系统的保留，难道真的不能兼容吗?

答案是否定的，真正的原因来自我国发展中的两条病根，一是粗放，二是奢侈。粗放是生产领域中的问题。我国的工业模式是粗放的。从用地效率看，我国效率最高的工业用地可达每平方公里 400 亿元以上，已进入世界先进水平，而最低的仅每平方公里 2～3 亿，高低差距百倍以上。多数工业用地的产出效率不足 10 亿。由此，一方面，分布散、规模小、质量低的企业导致了弥散普遍的污染。同时我们的城市化也是粗放的。大量的空城鬼城加剧了土地的占用。另一方面，由于过度占用耕地，我国的农业不得不越来越依赖高强度的投入来维系产量，于是进一步加剧农业的污染。

我国的农业同样粗放。我们的耕地约占世界耕地的7%，却使用了超过世界总产量三分之一的农药和化肥。这就意味着，单位面积的农药化肥投入，我国约是世界平均水平的4倍以上。比照同样人多地少的日本，我国的粗放至少造成了一半以上的浪费。必须注意，与浪费相对应的，则是农药化肥流失造成的污染。青蛙和癞蛤蟆为何远离了我们，就是因为过度的农药施用。如果我们能够摈弃粗放，以精准农业取而代之，则可以节约更多，污染更少。

我们的另一个问题是奢侈。城市建设在国际一流的旗号下，无端地追求豪华和“超前”。无论是大广场大绿地对耕地的侵占，还是水泥森林对上游重污染产业的拉动，都加重了对国土和生态系统的压力。而餐桌上的浪费之严重，可以说是骇人听闻。广告和各类媒体中充斥着对豪华生活的追捧，引诱人们去追求“帝王的享受”。无论是对教育还是研发的投入，首先都表现在一栋栋气派的大楼。所谓的对标发达国家，首先也都表现在对硬件的追求。

一种不好的倾向是将奢侈当时髦，当先进，当作

“与国际接轨”。举国上下虽然重视环境保护，但在关键问题上，我们依旧视野模糊。尤其未能认识到，一切奢侈和浪费都会直接间接地转化为污染和生态退化。即便是浪费一杯水，也会极为轻微地加重雾霾，任何理解水龙头里的自来水从何而来的人都不会反对这一点。更不用说我们的决策和规划中无数“大气派”的项目，加剧了多少污染，侵蚀了多少农田，破坏了多少自然系统。

可笑的是，往往越是奢侈和浪费的项目，绿色、低碳、环保的口号就越响亮。高尔夫球场占用良田、耗能耗水并造成严重污染，但在商人们的口中却是一片绿色。我国一些经过多少年鼓吹而获得甚大名气的园区或地产项目，既是豪华的，能够给人带来所谓贵族享受的，同时居然又是绿色低碳的。事实上，这些项目充其量不过是使用了一些建筑节能技术。相信低密度豪宅能够绿色低碳，如同相信开着悍马能够节油一般可笑。

英国伦敦的南郊有个贝丁顿低碳实验社区，国际上很有名气。参观者看到的是其建设中使用了许多实用的节能低碳技术，如自然风利用、增加外墙厚度以保温、

光伏发电等，但很少有人注意到其生活方式的简朴及其在节能中的作用。尤其是该小区的房间面积很小，层高很低，甚至会使人有局促的感觉。但正是这种极为小气的设计，使居民的能源消费空间最小化。与其他技术手段一起，该小区居民的电费只是一般水平的十分之一。还值得一提的是小区的居民。由于大量使用节能技术，该小区房价相当昂贵。这就意味着购买者花了很高的价格买了居住其中令人感到局促压抑的住房，简单地说就是花钱买罪受。正因为如此，购买者主要是那些收入较高、受教育水平较高、环境觉悟较高的“三高人群”。他们之所以购买该小区住房，多少怀有参与、奉献、体验之类的动机，而不是为了“贵族式的享受”而来。由此可知，真正具有环境觉悟的人，应该有与奢侈绝缘的觉悟。

历史的经验告诉我们，各种节能减排和绿色低碳的技术确实对环境保护有良好的促进作用。但是，技术进步并不能抵消物质生活水平提升导致的资源消费增长。在市场经济条件下，存在被称为“反弹”的现象，讲的是消费者购买了节能或节约其他资源的产品，但实际的资源消费反而增加了。我们购买了节能冰箱，但购买的却是容量更大的冰箱，其结果是更为耗能。世界各国中日本可以算是名列前茅的节能技术大国，但在过去的20年中，其人均能源消费水平是上升的。所以，无论技术如何发展，也不应该成为奢侈和放纵的理由。我们应该鼓励为改善居住条件而购买住房的行为，但绝不应该鼓励购买豪宅，不能承认N套房的小康标准，因为中国奢侈不起。

23. 剖析环境库兹涅茨曲线

环境库兹涅茨曲线的背后是一个社会的经济运行特征，它并非必然会出现，但发展过程中环境污染的严重程度则取决于其自身选择。

关于环境治理有一句老话，“不走先污染，后治理的道路”。这意味着“先污染，后治理”是不对的。但许多人，包括相当大比重的学者和官员，相信“先污染，后治理”有其必然性。也就是说，他们认为经济发展的前期环境质量的下降不可避免，而当经济发展至较高阶段后，社会治理环境的能力大为增强，能够大规模投入于环境保护，于是，环境质量停止恶化，乃至趋于好转。这一过程具有规律性。

在学术上，这种经济发展过程中环境质量先恶化、后改善的轨迹被称为“环境库兹涅茨曲线”。所谓库兹涅茨曲线，也就是形态为倒 U 型的曲线，是 1955 年美国经济学家西蒙·史密斯·库兹涅茨提出，用以解释经济发展过程中收入差距的变化。该曲线提出后，也被用于解释许多领域在经济发展过程中某些问题先恶化后改善的过程。“环境库兹涅茨曲线”就是应用之一。

为什么环境质量，尤其是污染态势会出现这样的趋势线？对此，学界有各种各样的解释。例如，发展初期公众更为注重收入和物质生活水平的提高，但到了发展水平较高的阶段，公众越来越关注环境质量，并因此形成日益强大的社会压力，迫使企业转型，也引导政府更为积极地推动环境保护，从而导致环境形势的缓解乃至好转。又如，发展初期企业的技术和管理水平较低，经营较为粗放，同时与环境保护相关的技术研发也难以受到重视。所以随着经济高速发展，环境形势的恶化在所难免。但这些问题随着经济的进步会得到修正。工艺会不断升级，新企业的装备水平会比被淘汰的老企业更为节能减排，从而使所有行业的单位产品能耗和排放不断下降，从而导致环境负荷的逐步减轻。再如，在经济发展过程中，与环境保护相关的法规体系、环境管理制度、环境监管及其技术体系都有一个逐步成熟的过程，

在制度力量未足够强大的阶段，各种滥用环境的行为难以得到有效遏制。在发展进程中，上述因素中不利于环境保护的因素逐步减弱，而有利于环保的因素逐步增强，最终导致环境的改善。

这些解释还是很有道理的。所以，环境库兹涅茨曲线提出之后，在环保界产生了广泛的影响。但问题在于，当学术界以此检验各国环境污染的变化轨迹时，却发现多数国家的经验并不服从该曲线。有的国家在工业化过程中未发生明显的环境污染；也有的环境质量曲线呈波浪形的波动。当然，世界上多数国家尚处于发展中阶段，所以这些国家若发生单边向上的环境恶化趋势，则可以解释为经济发展水平还没有到达拐点。但即便是发展中国家，其环境质量的变动曲线也五花八门。

为什么会出现这种差异极大的现象？一条很明显的理由是，各国经济发展的道路存在重大差异。比较已经完成工业化过程的发达国家的发展轨迹可知，有的国家在其工业化过程中甚至没有经过显著的工业污染阶段。典型的如瑞士，其历史上就没有成规模的能源工业和钢铁等重化工业。除了举世闻名的旅游业和金融业外，该国的制造业以资源消耗和污染排放都很小的钟表、精密仪表和试剂之类的产业为主。既然如此，其环境污染就不会有所谓上升阶段，也就不会出现典型的环境库兹涅茨曲线。类似的国家还有丹麦。其产业以农牧渔业及相关的食品加工为主，企业以先进的中小企业为主。虽然其大陆架有丰富的石油储量，但该国自身却并没有发展起重化工业，只是成为石油输出国。由于其风电技术冠绝全球，丹麦反而降低了对化石能源的依赖。所以，纵观其工业化以来的历史，污染排放上升的阶段也不明显，因而不构成环境库兹涅茨曲线。

相反，污染先加重后减缓的国家，通常是那些曾经以重化工业为支柱的经济体。如重工业发达、大量消费煤炭的比利时在 1930 年曾发生过马斯河谷污染事件。最为典型的是英国，特别是伦敦曾为世界的重工业中心，大气污染之严重，称之为暗无天日也不为过。后来该市放弃了所有的重工业并实现天然气对煤炭的替代，现在已成为全球最具有竞争力的城市之一。其环境质量则呈现出典型的库兹涅茨曲线特征。

这就说明，一国经济的发展是否导致环境库兹涅茨

曲线，很大程度上取决于其经济结构。如果经历过重化工业阶段，而后进入后工业化阶段，环境库兹涅茨曲线就会变得较为典型。其原因在于，后工业化阶段大规模的建设已成过往，因此市场对钢铁、水泥等高耗能重污染产业的需求趋于下降。去重化导致了污染物排放的减少。以美国为例，其 20 世纪五六十年代的“四大支柱产业”为钢铁、汽车、建筑和化工，如今所有这些产业都已风光不再，如钢铁的产量降至全盛时期的一半。

除发展阶段导致的产业结构调整外，发达国家向发展中国家转移污染产业也是导致其排放下降的重要原因。许多发达国家不再保留污染产业，但这些产业的产品消费却并不减少。这样的“国际分工”甚至可认为是加重了污染，原因是运输的耗能和排放。

总之，环境库兹涅茨曲线的背后是一个社会的经济运行特征，它并非必然会出现，更何况同样的倒 U 曲线，还有着高度和坡度的差别，污染可能非常严重，也可能较为轻微；严重污染的持续时间可能很长，也可能较短。一个国家如果经济体系完整而规模庞大，也许该曲线难以避免。但发展过程中环境污染的严重程度则取决于其自身选择。特别需要注意的是，有人会拿环境库兹涅茨曲线来为本地区的严重污染开脱，似乎发展进程中的严重污染是一种“客观规律”，而将治理的责任推给未来，使“先污染，后治理”科学化。如此对理论的使用，甚至会弄脏理论本身，是完全不能接受的。

24. 循环经济与市场经济

循环经济必须与市场经济很好地融合才会变得可行。

过去的十多年里，我国高度重视循环经济的发展，甚至视之为落实科学发展观的抓手。但客观地说，虽然一些年来各地出现了不少由政府扶持的试点和示范，但循环经济对国民经济的贡献依然微乎其微。如何融入市场经济，可以说是循环经济面临的“大考”。

循环经济理念的主干成长于生态和环境学界，经济学主流对此关注甚少。正是由于这原因，其经济学理论基础相当薄弱。这一现状的一个消极副产品是，循环经济的提倡者往往过于强调政府和技术的作用，而忽视从制度层面解决问题，通过市场解决问题。于是，可以有很漂亮的规划，但难以被市场接受；可以有很动人的试点，但难以推广普及。甚至，不少试点只是笼统而含糊地谈“效益”，连利润也避而不谈。而一种经济活动如果不具有创造利润的能力，又如何被市场接受。所以，政府在扶持循环经济的方式上有很大的改善空间。笼统地说“垃圾是放错地方的资源”虽然鼓舞人心，但并不科学。我们考虑三种情况。

第一种情况，某种废弃物再利用本身缺乏产生足够利润的空间，但具有强烈的正外部性，实际上是在为生态环境作贡献。如粉煤灰和矿渣这样的大宗废弃物如果不能资源化利用，其无害化处置的代价会是高昂的；禽畜养殖业的废弃物如果不通过堆肥等措施资源化利用，如何合理处置也是难题。所以，利用粉煤灰制砖，除产品本身的价值外，还具有废弃物减量化产生的环境价值；利用禽畜粪便堆肥，其价值也应该如此计算。理论上，产品的价值应该在市场实现，而其环境价值应该以政府补贴和减免税收等方式实现。

以养殖废弃物为原料生产的有机肥每吨的成本约500元，但其含氮量仅为尿素的5%，而尿素含氮量为46%，成本约2 000元。所以，在市场上，有机肥的竞争力很弱。但是换个角度考虑问题，每生产1吨有机

肥，等于处理了 4 吨禽畜粪便。如果将处理费用作为标准，给有机肥以补贴，情况又会怎样？也许有机肥的成本会下降至 100 元每吨，其竞争力就会大为增强。而在实践中，日本农村的有机肥通常是供农民无偿取用的。在上海郊区农村，许多乡镇也将有机肥送至田头，由农户免费使用。

也就是说，依据循环经济活动具有的正外部性，给予相关产品以补贴，是循环经济与市场经济相融合的重要路径。

第二种情况，是通过强制性的制度改变市场，使企业产生循环的动力。其中最重要的，就是欧洲一些国家和日本推进的“生产者延伸责任制度”，要求企业对其产品的全生命周期负责。老百姓买了某个工厂的彩电，未来废弃后的处置责任还将是这家企业的。在法律的强制性要求下，企业因此必须自己或与一群企业合作，建立废旧产品的回收网络。当然，废弃产品回收之后如何处置更是难题，于是产生了“静脉产业”：将回收的废弃彩电分拆；将分拆下来的部件检测；将合格的部件重新用于新产品的生产线，而不合格的部分经分类后粉碎用作原料。这一过程与新产品生产线完全相反，谓之“逆向生产线”。为了提高静脉产业的效率，会产生“逆向流水线”，并要求设计时充分考虑逆向生产线的要求。在日本，消费者可能会购买到含有再利用部件的电子产品，其说明书会明确告知，并因此会有一个较为便宜的价格。欧洲施乐公司还推出过一种“二手复印机”，该产品产生于逆向生产线，分拆的部件经检测认定为还具有正常功能，但未达到新品标准。此类部件组装而成的复印机因此相当于“二手货”，主要用于出租。

第三种情况是生产商为追求利益而向服务领域延伸。在消费者那里，生产商可能会保留产品的所有权。在这种模式下，消费者购买的只是生产商的服务或效用：你买的不是冰箱空调，而是制冷服务，东西依然是生产商的。消费者享受生产商提供的服务，不再是“售后服务”，而是包括产品在内的“服务期”，并像现在缴纳物业费一样，按期缴纳诸如此类的服务。在这一模式下，生产商能够从三个方向开拓新的利润增长空间。一是专业服务总比消费者的自我产品维护能够使产品运

行更为良好，寿命更为长久。也就是说，如果传统模式下这件产品的寿命是 100 个月，新模式下是 110 个月，这多出的 10 个月的使用期会成为生产商的利益增长点。二是好的服务总会刺激消费者产生新的需求，从而给企业带来新的机会。三是当产品报废时，真正报废的也许只是很小的一个局部，企业依然拥有其有用的大部分价值。当然，这一模式下的一个难点，是如何满足消费者多样化、个性化的需求，以及对创新的追求。但新工业革命的特征就是个性化和定制化，随着 3D 打印和信息技术向制造业的强力渗透，这种转变并不困难。

总之，循环经济必须与市场经济很好地融合才会变得可行。让资源百分之百地在经济系统内循环是一种不合理的想法，不能把推进循环经济的努力偷换为制造新世纪永动机的尝试。随着制度、市场和技术因素的改善，物质的循环利用会不断提高。但这里讲的“提高”，不一定体现在物质循环的层面，主要讲的是循环的效率。循环经济不是捡垃圾经济。正确的循环经济首先追求的是不产生或少产生垃圾，是通过更为合理的设计、市场组织和制度，使相关物质在变成垃圾之前沿着正确的回路运动，而不是先把东西变成垃圾，然后再去资源化利用。

特别要指出的是，一旦各种垃圾混合之后，其回收利用并不一定是环境友好的。从垃圾里回收纸张，由于其脏而需要清洗，因而造成污染；因为要脱油墨，又会造成污染。此外还有仓储和运输等诸多环节，都会造成大大小小的问题。在这种情形下，循环利用从环境保护看也许是得不偿失的。

25. 国际大都市是低碳的

成为一个广大地区的城市群的中心，其环境质量和宜居性会成为最为重要的生产要素。

观察那些可以称之为“世界城市”的国际大都市，有一个共同的特征，就是能耗要低于国内平均水平。加上大都市的能源结构中清洁能源比重较高，因此其碳排放水平要更低一些。其中，纽约的人均能源消费只有美国人均水平的约 40%，东京大致是日本人均水平的一半，而伦敦为英国平均水平的 60%。三者间的差别很大程度上来自各自国家的产业结构。美国保留着强大的重化工业，加上其辽阔的国土和高耗能的生活方式，其能源消费水平是全世界最高的国家之一。而英国则基本放弃了重工业，因此其国家的人均能耗水平较低，大致只有美国的一半。所以伦敦的人均能耗比纽约更低。

究其原因，任何一座国际大都市都以其整合和配置全球资源的能力而获得生存发展的空间。这一能力越强，国际大都市的地位也就越坚实。大都市不必自己纺纱织布，而是要拥有影响全球纺织品市场的能力，没有必要自己去大炼钢铁，但却有着对全球钢铁市场的影响力。大都市没有必要去争取什么港口吞吐量第一，却可以成为名副其实的世界航运中心。自己家里生产个什么东西，然后拿到市场上叫卖，那是小农社会的集市经济思维，是不可能成为国际大都市的。

对于一座国际大都市来说，其成长都需要一些客观条件。最主要的是两个方面。其一，它的周边有联系紧密而经济相对发达的腹地，有数量众多的城市群。其二，它与世界有着紧密的联系。在两个条件中，前一个更为基础。诸如纽约、东京和伦敦这样的城市，都是一个庞大城市群的经济中心，是整个城市群通向世界的门户。世界之所以视之为地位重要的国际级都市，很大程度上是因为其背后的城市群的整体实力。至于与世界的紧密联系，则是历史与现实共同铸就的。英国以老牌殖民主义宗主国的历史，维系着伦敦与英联邦国家间千丝

万缕的联系。而作为后起强国的美国，纽约更多的是依托其东北部城市群的强大实力。

反过来审视我国的情况，可以认为上海基本满足了国际大都市的必要条件。其背后的长三角城市群已经是世界上人口规模最大，经济越来越发达的城市群。强大的制造能力和繁荣兴旺的市场，使世界有通过上海与长三角保持和加强联系的愿望，这是上海成为国际一流大都市的原动力。

也就是说，上海在全世界的地位，从根本上说还是取决于上海在长三角城市群的地位。在该城市群中上海的中心地位越明确，其国际大都市的地位就越牢固。那么，怎样才能获得牢固的中心城市地位呢？核心要素就是服务。为长三角城市群提供服务，为城市群寻求资本，于是就成为相应的金融中心；为该城市群寻找市场，于是就成为航运和贸易中心；为城市群找技术，于是就成为相应的技术扩散和研发中心。无论如何，城市群对上海的各类服务需求越强烈，世界对上海的认可度就越高，上海的中心城市地位就越稳固。换言之，城市群的服务需求造就了上海的国际大都市地位，而上海则通过这些服务获得发展机遇。

成为一个广大地区的城市群的中心，其环境质量和宜居性会成为最为重要的生产要素。昔日的“雾都”伦敦，告别了重化工业，如今已成为世界宜居城市和最有竞争力的城市之一。优美的环境，对自身历史的尊重，独特而厚重的文化，高度发达的金融业，朝气蓬勃的创意产业，以及高质量的教育医疗和商业，使伦敦吸引了源源不断的世界各国精英。其经历表明，国际大都市的竞争力并不来自某些制造业。

正因为如此，纵观各国城市，低碳的虽然不一定是大都市，但大都市几乎必然是低碳的。其基本理由有两条。一是作为城市群的中心，在城市群中心的地位其实是为其他城市服务。这样，大都市的产业结构应该以服务业为主。而与制造业相比，服务业是低碳的。二是高碳基燃料的大量使用与地区环境恶化有着密切关系。一座城市如果存在大量高耗能和高排放产业，其环境质量达到高水准几乎是不可能的。于是，这座城市对于世界各国精英阶层而言是很难得到认可的。所以，真正的国际大都市必定不能容忍“两高”产业存在于自己的

地盘。

为此，我们必须反思我国城市群的发展模式。城市群之所以有必要存在，根本原因是城市之间的联系、分工和错位发展有利于实现所有城市运行效率的提高，每座城市会从这种互动和相互依赖中获得原来所缺乏的发展机会。但由于我国的经济发展体制，尤其是财税制度，每座城市都极力争取一切能够带来 GDP 的机会，在几乎一切领域你争我夺。由此带来的后果，是严重的产业同构、重复建设、资源错置。中心城市不能给周边城市带来发展机会，反而在同一水平上与其他城市争夺投资。而另一极端，普通城市乃至一些小城市，也号称要建设 CBD，建设金融中心。

我们必须重视由此导致的资源环境后果。所有的城市都在过度地铺摊子，由此造成了土地资源的严重浪费，而城市群地区的土地又是最宝贵、最肥沃的；城镇体系和产业空间分布过度分散，导致区域生态服务体系的破碎化，环境净化和涵养能力退化；产业结构雷同整体地削弱了企业的盈利能力，也因此削弱了企业创新和污染治理的能力。与此同时，我国的中心城市往往保留了庞大的重化工业和其他工业，也因此保留了相当重的污染。与那些真正的国际大都市相比，更类似放大了的普通城市。所以，上海这样的立志成为国际大都市的城市，告别传统发展模式，实现发展方式的转型，乃是根本出路。

26. 雾霾治理与发展转型

低端是灰色的，进步才是绿色的。粗放是灰色的，切实转变发展方式才是绿色的。

2003年伊始，我国出现了大范围的雾霾天气。其持续时间之长，影响范围之大，后果之严重，令举国震惊，世界关注。随之而来的是一片治理之声。但如何有效治理，怎样才能让老百姓告别雾霾之害，末端的、堵枪眼之类的措施是远远不够的。

雾霾的恶化，说到底是由于空气中的灰尘、硫酸盐、硝酸盐和有机碳氢化合物等颗粒含量过高。当大气中湿度较大时，这些颗粒物吸附凝聚水汽而形成雾；而空气相对湿度较低的，悬浮于空中的这些颗粒物就形成霾。所以雾霾治理的根本，就是降低上述颗粒物的含量。

各种颗粒物的来源大致为来自沙漠化地区远距离输

送的沙尘，燃煤排放的烟尘，机动车尾气，以及本地裸露地表造成的扬尘。其中，来自西北、蒙古和中亚的沙尘起因于我国独特的气候地理条件，难以根除。我国广大的黄土高原便是几千万年来的降尘所赐。唐诗里“轮台九月风夜吼，一川碎石大如斗，随风满地石乱走”的描述，至今令人心惊。在可以预见的将来，我们对沙尘暴引起的扬尘没有太好的对策。当然，强化自然保护、重视绿化、加强对土建工程的管理，可以显著减少本地的扬尘。还需要指出，沙尘天气通常发生于冬春季节的大风降温天气，而雾霾则出现于静风条件下。所以，雾霾天气的主要因素，更多地还是要从化石能源尤其是燃煤去找。

说起雾霾，历史上最为著名的就是雾都伦敦。其烟雾危害，直接与燃煤有关。早在 16 世纪，英国国会就颁布法令，禁止作坊在国会开会期间燃煤。工业革命使英国成为世界工厂，也使伦敦成为臭名昭著的雾都。1952 年的“伦敦烟雾事件”更造成了死亡率脉冲式的上升。此后通过系统治理，至 20 世纪 70 年代，这座城市基本脱掉了“雾都”的帽子。其经验表明，直接的污染治理作用并不是决定性的，更大的贡献来自产业转型和能源升级。前者意味着淘汰高耗能产业，后者最主要的是以燃气替代燃煤。

对于北京而言，这些年产业结构的调整成效显著，天然气对煤炭的替代也取得了重大进展，但易受雾霾困扰的处境并未得到改善。其根本原因，还是地区能源尤其是煤炭消费总量的不断上升。北京的煤炭消费得到了控制，但环北京的广大地区是怎样的情景呢？仅河北省，钢铁产量就达到了两亿吨，还存在大量水泥、化工、玻璃和电解铝等高耗能产业；天津依靠大量上马重化工业，GDP 增速连年位居全国前列；北京以西的山西和内蒙，则是我国最大的产煤区，有着大量的焦化、煤化和坑口电站。也就是说，北京的南北东西，可能是当今世界最大的煤炭消费区。在这样一个区域内，其空气质量不好，是理所当然的。

问题在于，我们有无必要燃烧这么多的煤？大致上，我国直接用于生活的能耗只占总能耗的 8%，而超过 70% 的能源用于工业，其中的大部分用于重化工业。

当前我国经济的一个严重问题，是绝大多数产业，更包括了所有的高耗能产业，都存在着显著的产能过剩。于是市场竞争加剧，但过剩产能又在政府的保护下难以退出。这种状况导致企业利润极度微薄。从节能环保角度看，由此产生了两方面不利影响。一是增强了企业通过逃避污染治理以增加盈利的动机。在地方经济下行压力加大的情况下，甚至地方政府也会容忍企业的这种做法。二是削弱了企业通过技术进步获得经济与环境双赢的潜力。产能过剩还导致实体经济投资的不活跃，由此也妨碍了产业的技术进步。

在更为广义的范畴内，我国的工业活动存在着低端化的倾向。所谓低端化，意味着以尽可能少的投资实现尽快的经济扩张。企业以低价格互相竞争，于是便寻求尽可能低价格的劳动力、土地、原料。不言而喻，如果因为便宜而使用质量较低的汽油，因为廉价而燃烧含硫高而热值低的煤炭，其实就是在为雾霾添砖加瓦。就大气污染而言，治理的最有效途径乃是能源升级，包括增加清洁能源的消费比重，以及煤炭的清洁化利用。但更为清洁的能源或能源利用方式，通常都导致成本的上

升。这种能源升级通常需要产业升级与之配套。对此，我国尚未做好准备。

当然，能源成本的上升，未必就是价格的提高。我们可以通过技术进步、管理的完善、更良好的产业组织，以及劳动力技能水平的提高来抵消升高的成本。但由此提出的要求，就是我们要放弃粗放的经济模式。这里，一个重要的话题就是“走出微笑曲线底部”。在经济的全球分工中，掌握核心技术和标准制定的企业会获得很高的利润，而只承担加工的企业只能获得很低的利润，也就是挣一点辛苦钱；而掌控市场和建立知名品牌的企业又可以获得较高的利润。由此形成的相关产业链的利润曲线呈“U”型分布，也称之为“微笑曲线”。我国的工业如果满足于停留在加工环节，并因此成为“世界工厂”而洋洋自得，其本质就是停留于低端，“将污染留给自己，让财富流向西方”。其结果是同等的资源消耗和环境污染，获得了过少的经济利益。

总之，低端是灰色的，进步才是绿色的。粗放是灰色的，切实转变发展方式才是绿色的。

27. 漫谈绿色 GDP

GDP 是一项非常好的指标，但与一切指标一样，它只能用于有限的目的。

这个世界上，要说让人又恨又爱的事物中，GDP 绝对算得上典型。对之爱得深沉的是经济学家。时至今日，主流经济学者们还希望我国 GDP 再高速增长 20 年。讨厌 GDP 的莫过于环境主义者。20 世纪 80 年代环境主义者有几句名言："GDP 就是污染""增长是癌细胞的信条"。在这两个极端之间，更多的人则对 GDP 爱恨交加。进而，对只是作为统计指标的 GDP，也有种种非议。

其实，GDP 作为一项指标，它只是客观描述了一个地区市场活动的总规模而已。视之为补药固然错误，但视之为毒药也完全不对。在被问及什么指标是高明设计的典范时，笔者会毫不犹豫地推荐 GDP。在它出现

之前，哪个国家也说不清楚自己的经济规模有多大。因为以总产值衡量经济规模的话，会导致太多的重复计算。GDP 的设计思路则完美地消除了传统统计的缺陷。

但是，GDP 并不是用来反映社会经济综合发展状况的。人类社会各类活动的非市场领域，它都不能反映。最为典型的是家务劳动。其重要性并不局限于经济价值，它更是家庭的黏合剂，包含的亲情、价值观乃至信仰，都不能用金钱来衡量。谁如果试图将夫妻或亲子之间的某种关怀行为换算为价值多少货币，只会让人觉得荒谬。类似的，邻居之间守望相助，也让人觉得温暖幸福。所有这些都无法计入 GDP，但谁也不能说它们是不重要的。

同样处于市场之外的，是各种环境生态因素。我们可以知道污水处理厂、垃圾处置设施和脱硫设施的建设和运行成本，但这并非环境本身，而是人类为抵御污染对环境的危害进行的投入。环境本身是无价的，当雾霾笼罩城市的时候，生活于其中的人谁也不能通过购买而得以豁免；市场无法销售朗月清风和蓝天白云；当长江的白鳍豚彻底消失的时候，试图计算因此造成的货币损失，是再荒唐不过的主意。道理很简单，这些事物都是非市场物品，是无价的。你可以谓之无价之宝，也可以说一钱不值，因为根本就不该用钱来衡量。

由此引起一个非常有趣的问题：绿色 GDP。这一概念前几年曾在全国掀起巨大的浪潮，上上下下的政府，乃至乡镇一级，都有许多声称要推动绿色 GDP 的案例。一些人甚至将绿色发展寄托于绿色 GDP 之上。但事实表明，这种尝试是难以成功的。其实，绿色 GDP 并非我国的发明，而是产生于 20 世纪 70 年代的发达国家。当时，西方社会已经意识到 GDP 与发展不是一回事，因而产生了一些改造 GDP 的尝试。例如，GDP 中有烟草、军火和豆腐渣工程之类的“坏东西”，将其扣除后就是“净 GDP”。而 GDP 中含有资源损耗和环境污染，将这些损失扣除后就是绿色 GDP。

应该承认，这样的思路是很吸引人的。但在实践中，许多国家都放弃了。我国经历了前几年的热闹后，目前也趋于淡化。之所以不可行的核心原因，还是环境作为一种非市场物品，难以用市场价值衡量。以二氧化

硫的排放为例，虽然可以计算污染造成的财富损失，但酸雨造成的生态系统退化，是怎样也无法用货币衡量的。虽然因污染而导致的医疗费用和工作日损失勉强可以估算，但由此造成的痛苦乃至生命损失又应该怎样用货币衡量？

其实，绿色 GDP 之所以出问题，根子还是将 GDP 的地位抬得太高，让 GDP 承载了太多的它不能承载的东西，于是试图通过修修补补加加减减，弄出一个看似完美的绿色 GDP 来。殊不知如此一来，非但不能让 GDP 反映非市场的社会和环境变动，反而还使之失去了其本义：完整地反映市场活动的总规模。

所以，GDP 是一项非常好的指标，但与一切指标一样，它只能用于有限的目的。而我们先是用它来衡量发展，然后又抱怨其设计有问题。这是可笑的，而可笑的不是 GDP，是用错了它的人。事实上，我们还可以抱怨 GDP 的更多问题，例如，它未能反映分配的公平性，也不能反映发展的质量，但所有这些质疑，只是说明我们误用了 GDP 而已。更合理的做法是，我们继续用它衡量市场经济规模，但不能迷信它崇拜它。人的发展包含了广泛的内容，远不是 GDP 能够涵盖的；国家的综合竞争力需要表征强大的指标，而 GDP 勉强可以表征“大”，却不能表征“强”；幸福与 GDP 没有必然的联系，却包括了夫妻的恩爱，邻里的和睦，生活的安宁，甚至包括孩子们春天可以找到小蝌蚪，夏夜能够看到萤火虫。所以，让 GDP 安于本分而非无限扩张，会有利于科学发展观的落实。

这里尚需要讨论另一个话题。我们为什么热衷于绿色 GDP，以及无数类似的指标体系？从根子上说，还是由于我国习惯于用自上而下的方式来推进某项工作的计划经济模式。在环境保护领域，存在着难以计数的评比、排名、创建、达标之类的活动。与之相对应，人们希望有“客观的”“科学的”指标体系予以支持，能够将所有下级行政单元调动起来，为争取好一点的排名而不懈战斗。

这一模式真的如此有效，以至于那么多的部门以及他们的学者乐此不疲。其实，内中的虚假、浮夸和浪费是众所周知的。只是为了增强相关部门的话语权而不愿放弃而已。但需要指出的，如此模式最大的问题还不在

于此，而是无视人民群众在绿色发展中的主体地位。作为对比，类似的指标体系或绿色 GDP 的尝试在发达国家也较常见，但主要发生于学术组织、民间基金会和社区。尤其草根层面的绿色或可持续体系，通常是经由社区民众充分讨论，然后公布实施。这样的指标体系并不要求政府的承认，而是作为社区成员共同的目标和行为准则。相关实践对于我们来说，至少是有参考价值的。

28. 新产业革命的环境效应

新产业革命条件下，货币、信息和思想的交流将会不断增长，但物质运动及其污染由于效率的提高反而会下降。

绿色，已经成了一种历史潮流。在我国，中央全力推进生态文明建设；每座城市在建设中都打出了绿色、生态、宜居的旗号；市场上绿色已经成为最具有号召力的时尚；民众的环境意识普遍觉醒。不过，我们需要意识到，绿色之所以如此热闹，正是因为其稀缺；更应该注意，既然是强大的潮流，泥石俱下也就难免。如同深山中的茂林那般，绿色是层层叠叠而深深浅浅的。节能、环保和生态建设代表的绿色，也有深有浅，乃至有假有真。

所谓浅绿，指的是那些清澈见底而直截了当的节能环保措施。建造运行一座污水处理厂，它能够削减多少

污染物是清楚的；改造一台锅炉，能够节约多少能源也是可计算的。建设一片绿地，城市因此增加了相应的绿化面积。所有这些，花费了多少，取得效果多大，可以直接计算或观察。更广泛一些，无论在单位还是家里，我们节约每一度电，每一滴水，只要付出了努力，就可以获得对应的效果。

对比之下，深绿指的是无法评估其节能环保效果的举措，其深无底，其广无边，其远无际。从深度讲，传统的污染控制以末端治理为主，而深绿思路则意味着全过程的革命性变化，包括产品的绿色设计、工艺的零污染化，更为严格完善的管理和生产组织以提高资源利用效率和降低能耗，技术创新和营造品牌以提高产品的附加值，所有这一切无不在某种程度上导致能效的提高、物耗的降低和污染的减少。从广泛性看，任何产业都有致力于环境友好和资源节约的努力空间；任何真正的技术进步都伴随着效率提高和消耗减少的效果，因此深绿的思路是使市场主体更具有创新活力，以绿色理念引导一切产业活动，让所有产业中的创新拉动绿色发展。自时间看，绿色是没有尽头的过程。在 20 世纪 80 年代，谁也不会料到当时成本达到常规电力价格十几倍的风电，有朝一日会下降到与后者比肩的程度。而面向未来，无论是绿色发展的何种领域，努力的空间都是无穷的。

所谓伪绿，就是在绿色或环保的旗号之下，行为却与资源节约环境友好相悖的现象。如果认真观察，可以发现此类现象并不鲜见。一种表现是追求符号式的绿色。典型的如光伏被视为低碳的标志，于是为彰显城市低碳形象，政府会在一些公共建筑上安装大量光伏板，殊不知光伏板生产的过程中，本身也是高耗能的。因此，只有其寿命足够长，从而使回收的能源超过其已经消耗的能源、其成本足够低以及其生产的电力有合理的用途，我们才能认为这是低碳环保的。上述三条在实践中只要一条不能实现，这种绿色就是花架子，就是伪绿。如果寿命太短，本质是浪费了产品生产过程中消耗的能源；如果成本太高，电力就成了奢侈品；而如果设备空转，那就真成为摆设了。所以在节能环保领域，经济上可行，技术上合理，是绿色的必要条件。

由此引发了一个问题：深绿与伪绿的边界应该如

何区分？一项绿色技术的发展尚处于幼稚之际，其成本必然高企。但为了光明的前景，政府有必要出台扶持的措施，常见的有政府采购以保证其一定的市场份额、财政补贴、研发投入等。对此，即使暂时的高成本，也应该坚持投入以推动其发展，因为这事关民族的未来。但一个标准应该坚持，即这种投入能够导致民族企业拥有一系列的核心技术。如果只是为了赶时髦，为了政绩上的好看，如同近年来的光伏产业那样，政府大力支持的结果只能是扶持了一批产值很高而几无核心技术的企业而已。

这就意味着，真正的技术进步才是长久深沉的绿色。有了劳动者知识技能水平的不断提高，浪费和跑冒滴漏必然会持续减少；有了生产工艺的不断清洁化，污染的下降乃至零排放会趋于普及；有了产品和服务的定制化和个性化，可以用尽可能少的资源消费满足社会的需求；有了科学技术的不断进步，人类的资源也会同步发展。

这就涉及当前的新产业革命。以大数据、智能制造和绿色低碳为核心的第三次工业革命，会使技术与市场要素的配置方式发生革命性变化，并产生难以估量的环境收益。积极的环境影响首先会来自定制化或所谓“个性化量产”。以工业化的方式为特定的消费者定制产品，现在听上去似乎不可思议，但在大数据、“互联网+”和智能化制造的条件下，定制导致的成本可以被充分消纳。而由此导致的效用最大化则可以使物质的消耗下降。定制其实意味着制造业与服务的融合，会在无形之中更为偏好于通过服务获得满足，从而使人们的生活方式更为环境友好和资源节约。

其次，智能化制造、3D 打印和纳米技术等新技术的不断出现和推广应用，会导致产品的制造实现完美的精致。这不仅指的是产品功能的提升，从环境保护立场看，还会导致加工过程中能源和材料的极大节约，以及污染的极度减少。

最后，也是最重要的，新产业革命将会颠覆传统的生产方式。机器和工人排满了车间的景象也许会成为明日黄花；许多产品将会实现零库存，因为产品是定制的；许多产品的多数部件也许是就地用 3D 打印技术生产的，再根据当地消费者的需要装配。因此，那种一国

生产的原料或零件运往万里之外，再从万里之外将产品运回的“国际分工”将会萎缩。由于国家之间的巨大物流而导致的能源消费和污染也会随之不断缩减。新产业革命条件下，货币、信息和思想的交流将会不断增长，但物质运动及其污染由于效率的提高反而会下降。当然，更多类似的趋势都是可以预见的。

29. 公民的环境权益与社会公平

对于普通人而言，货真价实的环境权益只有两条，一是生命健康免受污染之害的权利，二是财产免受侵害的权利。

公民的环境权益顾名思义，就是公民有权生活在良好的环境之中的权利。对此，抽象的理解并不困难，但要将环境权益落实，值得研究的问题就多了。例如，我们经常将环境权益具体化为环境的知情权、参与权和监督权等。这种表述只是听上去很美，其落实是困难的。如知情权，这意味着公民可以分享一切环境信息吗？如是，则该如何落实？若非，则又应该如何规定让特定的群体知晓特定的信息？如果这意味着政府可以根据自己的意愿披露信息，其实也就取消了知情权。所以，知情权还得有严肃而细致的法律予以规定，方不会成为虚话。那么，这意味着企业应该向社会公开其环境相关信

息吗？如果一个居民怀疑某个企业做了败坏环境之事，他有权索取相关信息吗？企业必须如实公布相关事实吗？其法律基础如何？至于参与权之类，各国的通病是居民的参与意愿不高。这其实是人之常情，对于忙忙碌碌的上班族来说，于己无关的事情很难激发起他们的热情。

严格地说，诸如知情权、参与权之类并非真正的环境权益。对于普通人而言，货真价实的环境权益只有两条，一是生命健康免受污染之害的权利，二是财产免受侵害的权利。当人们意识到空气污染会使自己更多地咳嗽时，怀疑企业排放了某种致癌物质时，或家门口建了座垃圾中转站因而担心自己的房子贬值时，他们才会表示关注乃至采取行动。至于某个人出于对全球气候变化的忧虑而致力于碳减排事业，其行为显然与环境权益关系甚少，而是出自其环境觉悟。

所以就有一个如何落实群众的环境权益的问题。对此法律上必须有系统的规定。以举证为例，许多发达国家为保护公民的环境权益，有“举证责任倒置”的规定。也就是说，如果居民将污染企业告上法庭，举证责任并不在居民一方，而在于企业，后者必须提出自己清白的证据。这一规定很大程度上扭转了居民的弱势地位。加上法律援助和公益诉讼等制度的配套，环境信息的透明，使居民实质性地拥有了捍卫自身环境权益的力量。

但还是要指出，个人在企业或政府面前的弱势是难以改变的。所以，组织化地维护自身的环境权益会是更有效的途径。另一方面，环境权益所受到的侵害往往具有小地域特征。一条河流变黑发臭，影响的不会是一户人家。类似的，噪声和废弃加害的也是附近所有居民。这就意味着，集体维权的效果可能会更为有效。国内外经验表明，满足上述要求的途径是建立强有力的社区环保机制。

“社区”的真实含义不是很多人误以为的一个空间意义的“区”，而是“共同体”，是拥有共同家园的一群人。现实中，城市的居民小区、居民区，农村的自然村或行政村，可以被视为一般意义上的社区。对于环境保护来说，社区层面的机制乃是基石。只有当普通的老百姓齐心协力保护自己家园的环境时，我们的生态文明建

设方能真正得到落实。但与很多人想象的不一样，社区环境保护机制的培育又是困难的，因为它至少包含了以下两方面内容。

首先，允许乃至鼓励社区居民有组织地在法律的架构内保卫自身的环境权益。这一机制的作用应该被视为环境保护的决定性力量。社区群众性环保组织之所以在西方国家得到普及，根本的原因是无论其法治如何健全，老百姓以个人的力量与企业和政府在环境权益方面进行较量总是弱小的。另外，如果个人以法律途径谋求解决问题，其成本显然过大，而许多家庭以同一身份出面，成本的均摊将使所有人受益。与其他国家相比，我国社区的组织化程度更高，具有国家专项法律支持的社区组织是居民委员会和村民委员会。这两种社区组织更适合于代表社区居民环境权益。具体地说，基层组织应该拥有代表社区居民，就社区环境问题与政府和企业沟通、交涉、谈判、甚至诉诸法律的资格。对此，我国相关法律应予以完善。住宅区受到隔壁污染企业的侵害，鱼塘受到污水的污染而出现大量死鱼，诸如此类的事件发生在我国，受害者的投诉往往因污染者的强势、地方政府对污染者的保护、部门间的扯皮推诿、取证的困难而难以获得及时正确的处理。更多的居民受到的环境困扰则因为损失较小或难以确认、不知道通过何种渠道取得帮助、处理问题的程序过于复杂等原因而无奈放弃自己的合理诉求。当然，因为问题的积累，在社区居民无组织的情况下，环境问题最终会转化为所谓群体性事件。我国因环境问题导致的日益频繁的群体性事件，绝大多数是社区性的。而发生群体性事件的一个重要原因，就是基层组织与社区居民的关系过于淡漠涣散。因此，让基层组织成为群众环境权益的合格代表，无论是保障群众环境权益，还是促进社会和谐，都是必需的。

其次，作为一种较小空间中的人类共同体，社区环境保护机制应该包括成员之间的沟通、协商、制定规则和采取共同行动的机制。“社区环境问题”很多是社区自己产生的，诸如餐饮油烟扰民，大妈广场舞噪声，“脏乱差”相关的乱搭建、乱设摊、乱张贴、乱扔垃圾等陋习，以及宅前屋后的不洁之类，都属于这一范畴。不难发现，产生这些问题的人和受困扰于这些问题的人都是社区成员，甚至受害者本身也属于加害者之列。解决

这些问题不能仅仅依靠“青天大老爷”。

这就要求我们要着力营造一种机制。其中包括人们对社区的认同，将这个小尺度空间视为自己的家园，并愿意为之付出自己的情感、汗水和财富；人们对公共环境行为规范的认同，不遵从这种规范的人会被邻里看不起，反之则受到尊敬；当人们因为社区内部的环境问题而产生纠纷时，会有制度化的流程和平台供大家沟通、谈判、争吵、妥协并达成解决方案；当社区需要投入劳动或资金以改善环境时，社区应该有相应的议事议程和决策机制。所有这一切的综合，能够有效维护和改善社区环境。

30. 我们怎样避免邻避问题的麻烦

邻避现象虽不可能完全消除，但可以被控制在合理的范围内。

邻避（Not-In-My-Back-Yard）一词近年来已为人们熟知，指的是居民不喜欢某些类型的建设项目，典型的如垃圾填埋场、垃圾焚烧厂、核电厂等，担心这些设施对健康、环境质量和资产价值等带来负面影响。进而促使人们采取行动，反对相关项目的落地，甚至导致较大规模的抗争行为。更广义的，污染企业、大型交通设施如机场、变电站等，都属于邻避设施的范围。

邻避是很正常的现象，没人愿意自家门口摆着一个自己不喜欢的东西。古代“孟母三迁”也是为了避开什么。至于群众的要求，可能是合理的，也可能是不合理的。后者的典型如所谓“风水”或“不吉利”的原因而反对某些项目。但在多数情况下，居民的邻避情绪至少

是可以理解的。其中又分几种情况。一是许多设施或企业确实产生噪声、气味、空气污染等环境影响，建立在居民区附近会危害居民身体健康或降低生活质量。典型的除污染企业外，菜场的嘈杂，夜市的喧闹和油烟，机场飞机起降的轰鸣，垃圾场的臭味，不同程度上都是有害的。二是有些项目，对居民生活健康不一定有实质性影响，居民只是心理上觉得建在自己家附近不舒服。典型的有殡仪馆和变电站。三是某些项目会对居民的不动产价值产生抑制，例如同样一栋楼房，在旁边建一个公园房子就会升值，但建立一个垃圾中转站房子就会贬值。一个居民如果因为住宅边建了一座垃圾厢房而损失了几万元的价值，因此不高兴是正常的。

近年来我国邻避事件多发，大致有几个原因。第一，自 21 世纪始，中国进入改革开放以来第三轮经济增长大潮。本轮经济增长的特点，是靠发展重化工业和大规模投资驱动。各地政府也主要依靠上马钢铁、水泥、化工等行业的大项目以及大型建设项目来拉动 GDP 增长。重化工业生产过程中较容易产生环境问题，产生污染的企业多了，自然会引发更多“厂群矛盾”。第二，近几年中国城市化推进速度很快。城市的迅速扩张导致原来很多远离市区的工业企业和市政设施慢慢被城市包围。原来不应跟城市的生活和消费功能发生严重冲突的，现在互相犬牙交错，矛盾由此趋于尖锐。可以想象一下，原先一座建在郊区的垃圾焚烧厂，后来被居民区团团包围的情形。城市猛烈扩张如果有不合理的地方，对邻避事件兴起就起到推波助澜的作用。第三，中国民众对环境质量的要求越来越高。这是根本性因素。过去中国居民收入水平较低，居民主要关注点在如何提高物质生活水平上，希望在家里添置冰箱、彩电等更多生活物品。现在生活水平提高了，居民开始关注户外环境。从经济学角度讲，原本环境因子未包含在人的消费函数当中，现在包含进来了，并且其权重不断增加。

所以，邻避现象虽不可能完全消除，但可以被控制在合理的范围内。我们的城市可以做的，是尽可能避免那些可以避免的邻避问题。在新型城镇化背景下，极为重要的策略是空间布局的优化及相关规划的优化。城镇化的有效性意味着可以将更多的人口和经济活动纳入更

小的空间。空心化的农村因此需要归并，从而释放出更为开阔的空间。我国工业布局有分布散、规模小、水平低的问题，工业用地过多且过于分散。非但有大量企业分布于园区之外，甚至“村村点火，户户冒烟”，且工业园区本身也数量过多。上海弹丸之地，居然有 104 块正规的工业园区。于是郊区无论是城市居民点还是农村聚落，毗邻工厂的机会都很大，邻避事件的概率随之大增。因此，以更大的力度推动分散的企业进入园区，并裁剪过多的园区，可以使所谓厂群矛盾大幅度下降。垃圾焚烧厂之类的设施应该与居民区之间相隔合理的距离。在规划编制中，应该注意让邻避设施与居民区相互避开。

但是，如何避免那些可以避免的邻避事件，最重要的还是政府与公众的沟通以及由此产生的政府公信力问题。有两个案例颇为经典。一是在我国惹出不少风波的 PX。这是一种普通的化工产品，其毒性在联合国世界卫生组织的排名中与咖啡相当，而且生产工艺也不会产生明显的污染。因此世界上其他国家从未发生过民众反对 PX 的事件。然而在我国，此类项目如同瘟疫一般，百姓避之不及，所到之处一片反对声。由此形成了极为奇特的对比。但认真想想，人们反对的真的是 PX 吗？对此从两方面分析。其一，任何大型化工企业都不应该放在人口稠密区，而不在于它生产什么东西。其二，信息的半透明，企业和政府对各种的遮遮掩掩，才是导致居民疑虑的根源。

另一个案例是经常触发邻避事件的垃圾焚烧厂。在中国，无论拟建在哪个区域，都会遭到反对声一片。但在日本情况就有所不同。日本地少人稠，对空间非常节约，所以其垃圾主要依靠焚烧。其垃圾焚烧厂许多建立在居民区里面，就近收集、就近处理，既节能也环保。从技术上讲，我国同日本的垃圾处理技术没有太大差距，可以将其浓度降到比自然界的本底水平还低，对居民不会产生影响。关键是在政府和民众之间应该搭建起信任的桥梁。如何构建呢？一是体制，日本的生活垃圾是市町村一级自治的，谁家的孩子谁抱。所以如何处置垃圾不仅是政府的事，也是所有居民的责任。如果大家不赞成垃圾的就近焚烧处置，由此导致的成本上升也会分摊到所有人头上。因此，将垃圾焚烧厂建在居民区就

成为一种公众选择。二是信息透明。不仅垃圾焚烧厂的工艺和技术参数让居民们知晓，其日常运行状况也在居民们的监督之下。我们甚至可以将某些垃圾焚烧厂视为社区公共场所，人们可以进入其中参观、体验甚至休闲。做到这种程度，邻避事件当然也就很少发生了。

结语：走向生态文明

以人自身的发展带动的发展，才能在不断富裕的同时，让我们的家园永葆绿色。

“生态文明”和“美丽中国”已成为举国上下的向往。但由于我国特有的自上而下的推进机制，生态文明建设很容易被理解为无数项目和工程的堆砌，而忽视了其本质：动员全国人民，将我们的国土建设成为美丽繁荣而人与自然和谐的大家园。而实现这一目标，决不能仅仅依赖大大小小的工程，其根本的路径只能是党的十八大报告指出的“五位一体”。

环境保护不应该只是人类过分糟蹋环境之后才出现的应对。我国传统环境保护的特点就像堵枪眼，哪里出了问题，就去堵哪里。而生态文明的提出，则要求我们思考、探索和解决那些更为根本性的问题，比如怎样理解和处理人类与自然的关系，如何协调发展与保护的关

系，该怎么对待自己的家园。由生态文明出发，我们需要审视发展观、幸福观、价值观，选择适合国情的生活方式和生产方式。

以十八大报告中生态文明关于优化国土空间开发格局的任务为例，报告要求“给自然留下更多修复空间，给农业留下更多良田”。在理论上，这一要求是完全成立的。城市化之所以成为历史的必然，是因为其更高的效率，而且首先就是其更高的土地利用效率。因此，城市化整体上是节约土地资源的。这就意味着，我国大量被低效利用的工业用地，以及被各类建设泡沫占据的土地，在合理的制度安排下，可以还给农业，还给自然。在城市化过程中大量闲置的农村宅基地，如能有效利用，其潜力约在 2 亿亩左右。除部分可用于城市建设外，大部分闲置宅基地也应该反哺给自然和农业。

但在现实中，各级政府对建设用地指标的渴求却无比强烈。虽然在占补平衡的刚性要求下，我国勉强守住了 18 亿亩的耕地红线，但由于用废弃地、滩地、湿地、坡地替代耕地，其质量的下降是无可避免的，同时还导致了自然用地数量的下降。之所以如此，其背后乃是城乡二元结构、现行土地制度、财税体制和政绩考核方式等一系列的制度因素妨碍着土地资源配置的优化。所谓“五位一体”推进生态文明，就需要从发展理念上，从经济运行体制上，从政绩考核以及其他方面，通过深化改革，将新型城镇化带来的土地节约潜力释放出来，使我国在发展中拥有更多的森林和荒野，更多的耕地，更高比例的自然岸线。

类似的，在资源节约领域，我国一直高度重视节能、节地、节水、节材和资源的综合利用，即所谓的“四节一综合”，取得的成就世界瞩目。但我国历来推动节约的主要做法，是注重技术改造。而在更为本质的层面上，粗放的，投资驱动的经济增长拉动上游高耗能产业的迅猛扩张，是我国能源消费、碳排放和环境污染加重的根本原因；大量的出口导向的加工业滞留于微笑曲线的底部，导致污染留在中国，财富流向西方；虽说我们坚持中国人民不应该仿效西方发达国家的生活方式，然而奢侈之风盛行。适合我国的生活方式在哪？所有这一切，是两型社会建设无法绕过去的问题。而在加大自然生态系统和环境保护力度方面，我国长期以来存

在的重大问题是，商业性、标志性和短期见效的领域不缺投资，而基础性、公益性和着眼长远的投资难以保障；水利投资偏重电力，而农田水利建设难以得到满足，“最后一公里”则无人问津；基础建设投资过度，而严重退化的草原和十多亿亩的中低产田改造事关民族生存大计，投入机制却难以有效建立。

克服以上难点，推动生态文明建设的基本路径，正是十八大报告中指出的“五位一体”，让生态文明建设“融入经济建设、政治建设、文化建设、社会建设各方面和全过程”。

生态文明与经济建设的融合，意味着要通过优化经济生产方式、发展方式，从中获得环境收益；要通过生态文明建设促进乃至倒逼发展方式的转型；推动绿色经济和绿色技术的成长。应高度重视通过引领技术进步潮流、重视研发、培育民族品牌来促使我们的企业和行业在国际分工中走出微笑曲线的底部，以有限的资源环境要素创造更高的价值。生态文明与政治建设的融合，意味着需要以生态文明的要求推动政治体制的完善，并在这种完善中获取生态收益；要改变 GDP 导向的政绩考核机制；遏制地方政府对土地财政的高度依赖。生态文明与社会建设的融合，需要认识到，社会公平本身就是环境友好的。中产阶级为主体的人口结构更有利于社会在生态保护上达成共识。社会的组织化，公民社会责任感的培养是广大人民群众参与环境保护的基本条件。生态文明与文化建设的融合，首先需要塑造价值观和成就观。我们的社会，底线应该是一个普通人通过认真劳动、与人为善、与邻里相亲相爱、守望互助，就能得到高度尊重的社会。如果是拜金主义、享受主义盛行，必然造成物欲横流，以成败论英雄，以金钱论成败，就会从根本上扭曲人的行为，助长人们对环境和自然的破坏。

总之，以剥夺自然、贴现未来、急功近利、奢侈铺张的方式谋取增长，我们未来的家园会是一片灰色。而以人自身的发展带动的发展，才能在不断富裕的同时，让我们的家园永葆绿色。

图书在版编目(CIP)数据

家园的治理/戴星翼著. —上海：复旦大学出版社，2016. 10
(国家大事丛书)
ISBN 978-7-309-12087-5

Ⅰ. 家…　Ⅱ. 戴…　Ⅲ. 环境综合整治-研究-中国　Ⅳ. X3

中国版本图书馆 CIP 数据核字(2016)第 015311 号

家园的治理
戴星翼　著
责任编辑/马晓俊

复旦大学出版社有限公司出版发行
上海市国权路 579 号　邮编：200433
网址：fupnet@fudanpress.com　http://www.fudanpress.com
门市零售：86-21-65642857　团体订购：86-21-65118853
外埠邮购：86-21-65109143
上海市崇明县裕安印刷厂

开本 890×1240　1/32　印张 6.25　字数 87 千
2016 年 10 月第 1 版第 1 次印刷

ISBN 978-7-309-12087-5/X·26
定价：20.00 元